CADMOS HUNDEPRAXIS

Auf und davon

Lesen
Lernen
Wissen

CADMOS HUNDEPRAXIS

MARTINA NAU

Auf und davon

Wie der Jagdtrieb des Hundes kontrollierbar wird

CADMOS

4. Auflage 2012
Gestaltung: Ravenstein + Partner, Verden
Satz: Grafikdesign Weber, Bremen
Lektorat: Dorothee Dahl

Coverfoto: JBTierfoto
Fotos im Innenteil: JBTierfoto, falls nicht anders angegeben

Druck: Westermann Druck, Zwickau

Deutsche Nationalbibliothek – CIP-Einheitsaufnahme
Die Deutsche Nationalbibliothek verzeichnet diese Publikation in der Deutschen Nationalbibliografie; detaillierte bibliografische Daten sind im Internet über http://dnb.ddb.de abrufbar.

Printed in Germany

ISBN: 978-3-86127-755-2

Inhalt

Auf und davon

Egal, was Sie gegen den Jagdtrieb Ihres Hundes bisher unternommen haben, ich möchte Ihnen hiermit Mut machen, mit diesem Buch noch einmal von vorn anzufangen und das Problem mit einem Gesamtkonzept in den Griff zu bekommen.

Wer jemals das Jagdverhalten seines Hundes kontrollieren möchte, muss sich auf seinen Hund als Jäger einlassen. Wenn Ihr Hund wirklich einen ausgeprägten Jagdtrieb hat, dann können Sie diesen nicht wegtrainieren. Sie können ihn nur kontrollierbar machen. Dazu müssen Sie lernen zu denken, wie Ihr Hund denkt.

Vielleicht ist der Jagdtrieb Ihres Hundes jedoch gar nicht so groß? Vielleicht ist sein

Jagdproblem gar kein „richtiges" Jagdproblem? In den folgenden Kapiteln geht es auch darum: das eine vom anderen zu unterscheiden.

Sehen Sie den Jagdtrieb Ihres Hundes nicht mehr ausschließlich als ärgerliches Problemverhalten, sondern nutzen Sie die Chance, Ihren Hund durch das gemeinsame Training besser kennenzulernen und zu verstehen. Lassen Sie sich ein auf das spannende Abenteuer, in die Welt Ihres Hundes einzutauchen, die Ihnen vielleicht bisher in diesem Bereich verschlossen blieb. Sie werden sehen, es kann sogar Spaß machen, Ihrem Hund schrittweise klarzumachen, dass Sie nicht nur sein Dosenöffner, sondern sein Teampartner sind.

Nur eine Bemerkung noch: Will man erfolgreich gegen das Jagdverhalten trainieren, sollte man seine Einstellung dringend überdenken, wenn diese bisher einen eher antiautoritären Einschlag hatte. Hiermit ist nicht gemeint, dass Sie hart sein sollen, aber hartnäckig im Sinne von absolut konsequent. Lassen Sie Ihren Hund merken, dass Sie ab sofort darauf bestehen, Ihre Wünsche durchzusetzen. Immer und überall. Nehmen Sie die Grundhaltung an, Ihrem Hund so wenig Kommandos wie möglich zu geben, aber wenn, dann müssen Sie bis zu deren Auflösung (die Sie selbst geben!) darauf bestehen. Sie werden sehr schnell bemerken, dass Ihr Hund beginnt, Sie mit anderen Augen zu sehen.

Die drei Säulen des Antijagdtrainings

Unter all den Verhaltensweisen, die wir bei unseren Hunden in den Griff bekommen möchten, ist das Jagdverhalten die komplexeste. Für viele Hundebesitzer stellt das Jagdverhalten ihres Hundes ein immenses Problem dar, vor allem wenn der entspannte Spaziergang zum stressigen Ausflug mit dem Vierbeiner wird. Es gibt so viele Ursachen für dieses Problem, so viele Gründe, warum ein Training eventuell keinen Erfolg zeigt, dass wir nur mit einem gut durchdachten Konzept unser Ziel erreichen können. Darum ist es mir wichtig festzustellen, dass allein Gehorsamkeitstraining nicht reicht, um den Jagdtrieb eines Hundes kontrollieren zu können. Gehorsamkeit ist ein wichtiger Teilaspekt eines Antijagdtrainings, jedoch nicht der einzige Weg. Ein gutes Antijagdtraining sollte aufgebaut sein wie ein solides Gebäude, das von drei Säulen getragen wird.

Bindung Vertrauen

Die erste Säule setzt sich aus Bindung und Vertrauen zusammen. Ohne sie brauchen wir gar nicht erst anzufangen. Ohne sie würde das Training hart und lang andauernd. Und es bliebe erfolglos. Denn niemand folgt länger als unbedingt nötig einem Anführer, zu dem er keine Bindung und kein Vertrauen hat. Welpen und junge Hunde bauen schnell eine gute Bindung auf. Ältere Hunde dagegen benötigen viel länger hierfür. Häufig zeigen sie anfangs ein vorsichtiges Misstrauen. Ihnen müssen wir helfen, vertrauensvoll mit uns zusammenzuarbeiten.

Gehorsamkeit Standruhe

Die zweite Säule, Gehorsamkeit und Standruhe, ist diejenige, die wir meistens vor Augen haben, wenn wir über Antijagdtraining sprechen. Gehorsamkeit heißt jedoch nicht nur Gehorsamkeit im Training, sondern vor allem im Alltag. Und Standruhe bedeutet, dass vor allem ein jagdtriebiger Hund grundsätzlich nicht unkontrolliert jagen oder hetzen sollte, auch keine Bälle oder die eigenen fortrennenden Kinder. Natürlich darf er diesen Trieb ausleben, aber erst, nachdem Sie es ihm erlaubt haben.

Beschäftigung Trieb-auslastung

Erst mit Beschäftigung und Triebauslastung, unserer dritten Säule, erreichen wir einen Erfolg, der dem Hund gegenüber fair ist. Natürlich können wir Triebe nicht dauerhaft unterbinden. Stattdessen müssen wir sie kanalisieren und dem Hund die Möglichkeit geben, sie auszuleben. Also sollten wir ihm Ersatzbeschäftigungen bieten, die ihn trieblich auslasten und gleichzeitig sein Bedürfnis nach geistiger Forderung befriedigen. Das bedeutet, dass wir Hunden mit einer Jagdpassion auch mindestens eine Beschäftigung anbieten, die der des Jagens sehr nahe kommt.

Jagen: Was ist das eigentlich?

Jagdverhalten ist ein absolut normales Verhalten für Hunde. Wir sagen gern: Jagdproblem. Es ist ein Problem für uns, jedoch nicht für unsere Hunde.

Nicht alle Hunde jagen. Es gibt Rassen, aus denen man den Jagdtrieb mehr oder weniger herausgezüchtet hat. Zudem findet man auch in der restlichen Hundewelt immer wieder Individuen, die kaum oder keine jagdlichen Ambitionen zeigen. Aber das ist nicht die Regel. Die meisten Hunde haben einen durchschnittlichen Jagdtrieb, einige auch einen ausgeprägten.

Bevor wir mit den ersten Schritten eines Antijagdtrainings beginnen, sollten wir uns bewusst machen, was Jagen für unsere Hunde eigentlich heißt und, vor allem, wie genial sie für diese Tätigkeit ausgestattet sind. Erst wenn wir dies verstehen, werden wir in der Lage sein, sinnvolles von sinnlosem Training zu unterscheiden. Genau das möchte ich Ihnen mit den nächsten Kapiteln ermöglichen. Damit Sie von Anfang an sich und Ihrem Hund helfen können, den richtigen Weg zu gehen, sollten Sie unbedingt einige Dinge wissen.

Der Jagdtrieb

Wissenschaftlich ausgedrückt ist der Jagdtrieb der angeborene, ursprünglich aus dem Ernährungstrieb hervorgegangene Drang, geruchlich oder optisch wahrgenommenes Wild aufzusuchen und zu verfolgen.

Das dachten Sie sich schon, nicht wahr? Genau so sieht es auch aus, wenn Ihr Hund mal wieder einem Kaninchen nachstellt. Wir gehen der Sache mit dem Trieb jedoch erst auf den Grund, wenn wir uns anschauen, was genau hinter diesem Ausdruck steht: Ein Trieb ist eine unbewusste, biologisch zweckmäßige Handlung. Sie erfüllt wichtige Lebensfunktionen. Ein Trieb ist sowohl mit körperlichen als auch mit seelischen Vorgängen verbunden. Auch wenn man es kaum glauben mag: Die letzten Sätze bilden den Kernpunkt für ein erfolgreiches Antijagdtraining. Dies ist der Grund dafür, dass wir ein Antijagdtraining – soll es Erfolg haben – auf unsere drei Säulen aufbauen müssen.

Gut, wenn man sie kennt: Verwandte Triebe

Das Wort „Jagdtrieb" ist immer so leicht dahergesagt. Um zu verstehen, was wirklich im Hund vorgeht, muss man wissen, dass es noch andere Triebe gibt, die mit dem Jagdtrieb eng verwandt sind.

Der *Beutetrieb* ist das zielgerichtete Bestreben, Wild nicht nur zu jagen, sondern auch Beute zu machen.

Der *Bringtrieb* ist die Bereitschaft, das Beuteobjekt aufzunehmen, zu verschleppen, zu verstecken, zu vergraben oder zur Wurfhöhle zu bringen.

Der *Spürtrieb* veranlasst den Hund, eine Fährte aufzunehmen und freudig und ausdauernd zu verfolgen.

Der *Stöbertrieb* ist der Drang, mit allen Sinnen und hoher Nase Witterung aufzunehmen und sie ausdauernd zu verfolgen, ohne Fährten auf dem Boden zu beachten.

Der *Bewegungs- und Betätigungstrieb* lässt den Hund durch Bewegung oder Betätigung die angestaute Energie entladen.

Diesem Windhund steckt die Jagd im Blut. Man sieht ihm den Spaß daran förmlich an.

Dieser Hund hat Witterung aufgenommen und stöbert…

Warum jagen Hunde?

Praktisch bedeutet dies für uns, dass der Jagdtrieb bei den meisten Hunden vorhanden ist. Er hat nur noch selten mit einem Hungergefühl zu tun oder mit dem Bedürfnis, sich oder seine Welpen satt zu machen, denn Jagen ist für jeden Hund eine selbst belohnende Handlung. So hat es die Natur aus Sicherheitsgründen vorgesehen, denn mit diesen Anlagen muss kein Hund verhungern, wenn er sich irgendwann einmal selbst ernähren müsste. Das heißt, dass der Körper durch die Ausschüttung bestimmter Hormone in eine Art Glückszustand versetzt wird und sich so besser belohnt, als wir es je mit einem Leckerchen, einem Ballspiel oder irgendeiner anderen Belohnung könnten.

Dass es so viele unterschiedliche Triebe gibt, die unsere Hunde zum Jagen veranlassen, sollte uns zu denken geben. Nicht jeder Trieb ist gleichermaßen stark in jedem Hund ausgebildet. Ein Hund, der zum Beispiel einen starken Bringtrieb hat, jagt vorwiegend, um diesen auszulasten;

ein anderer kann nicht umhin, jeder Fährte nachzugehen, und bedient damit seinen ausgeprägten Spürtrieb. Dies muss man berücksichtigen, will man seinen Hund erfolgreich trainieren. Beobachten Sie also zuerst einmal Ihren Hund und entscheiden Sie: Welche Triebe sind ausgeprägt, welche gar nicht vorhanden? Dann sind Sie schon ein schönes Stück vorangekommen in Ihrem persönlichen Antijagdtraining.

Wie Hunde jagen: Die Jagdsequenz

Eine vollständige Jagdsequenz besteht aus den folgenden Phasen:

Jagdhundrassen und ihr unterschiedliches Jagdverhalten

Weltweit gibt es so viele Jagdhundrassen, dass man fast den Überblick verlieren könnte. Viele Hundebesitzer, die Hunde mit Jagdproblemen besitzen, haben noch nie in Erwägung gezogen, dass ihr Hund eventuell einer Jagdhundrasse angehört beziehungsweise als Mischling aus dieser hervorgegangen sein könnte. Dies muss nicht unbedingt eine hierzulande populäre und häufig gebrauchte Jagdhundrasse sein. Sie könnte auch aus einem anderen Erdteil oder einfach aus Südeuropa stammen, wo man ganz andere Jagdhunde kennt als hier

Orten – Fixieren – Anpirschen – Hetzen – Packen – Töten – Zerreißen – Fressen

Im Alltagsleben sieht das folgendermaßen aus:

Orten und Fixieren	Wild suchen	Stöbern, Spüren, mit den Augen suchen, Horchen
Anpirschen und Hetzen	Wild fangen	der Wildspur folgen, das Wild verfolgen, umkreisen
Packen und Töten	Wild töten	totschütteln, Hals oder Nacken aufreißen

Die einzelnen Phasen sind zumeist unterschiedlich stark ausgeprägt. Die schlechte Nachricht ist, dass Hunde generell ihre Jagdsequenz in einer beliebigen Phase beginnen können, was ihr Jagdverhalten für uns anfangs unkalkulierbar und undurchschaubar machen könnte, wäre da nicht die gute Nachricht: Nicht alle Hunde durchlaufen alle Phasen in gleichem Maße. Je nach Typ oder Rasse durchlebt ein Hund entweder alle Phasen oder nur einige bestimmte, nämlich genetisch fixierte. Zumeist sind diese Phasen vor allem durch züchterische Selektion abgeändert, geschwächt oder verstärkt.

in Mitteleuropa. Dies bei einem anstehenden Antijagdtraining in Betracht zu ziehen ist sehr wichtig, denn vor allem Angehörige von Jagdhundrassen und deren Nachkommen haben einen ausgeprägten Jagdtrieb. Ganz allgemein kann man die Jagdhundpopulation einteilen in Stöberhunde, Vorstehhunde, Lauf- und Schweißhunde, Apportierhunde, Windhunde und Terrier.

Je nach Jagdgebrauch findet die Zuchtauswahl statt, was im Umkehrschluss heißt: Diese Hunde haben sehr unterschiedliche Eigenschaften und unterscheiden sich teils erheblich in ihrem Jagdverhalten.

Dieser Border Collie zeigt deutlich die Phase des Fixierens.

Durch ein individuelles Training kann man die vorhandenen Phasen schwächen oder die schwach ausgeprägten stärken oder wegtrainieren, je nach Notwendigkeit. Inwieweit uns dieses Wissen eine große Hilfe sein kann, ahnen Sie vielleicht schon. Stärken Sie die Phasen, die Sie gebrauchen können, vor allem bei Welpen und Junghunden, und schwächen Sie die Phasen, die Ihnen später Ärger bereiten könnten. So ist es zum Beispiel eine gute Idee, einem Vorstehhund das Apportieren von Spielzeug oder Dummys so richtig schmackhaft zu machen und zusätzlich seine Vorsteheigenschaften zu verstärken, während man ihn gleichzeitig davon abhält, unkontrolliertes Hetzverhalten zu zeigen, und ihm möglichst keinen Wildkontakt ermöglicht.

Nur ein wenig komplizierter wird es, wenn man bedenkt, dass nicht jeder Hund automatisch in die nächste folgende Phase eintritt. Auch hier bieten sich Chancen für ein Antijagdtraining. Es ist außerdem möglich, dass bei einem Hund ein genetisch fixiertes Programm abläuft. Eine bestimmte Phase löst dabei automatisch die nächste aus, ohne dass man dies verhindern kann. In diesem Fall stößt man häufig an die machbaren Grenzen eines Antijagdtrainings. Nehmen wir den Vorstehhund als Beispiel: Er ortet Wild, und in dieser Sekunde steht er wie angewachsen vor, jedoch kommt er nicht genauso automatisch in die Phase Anpirschen und Hetzen. Macht er dies trotzdem und jagt daher unkontrolliert, stehen die Chancen nicht schlecht, durch Training das ohnehin gezeigte Vorstehen zu verstärken und auszubauen und ihm den nächsten Schritt abzutrainieren. Ihm jedoch das Vorstehen abzutrainieren wäre erstens ein fast unmögliches Unterfangen, zweitens unklug, weil wir es nur verstärken müssen, damit seine Jagdsequenz abgeschlossen ist und er nicht hetzt.

Ähnliche Überlegungen sind bei jedem Hund sinnvoll, der einer Jagdhundrasse angehört oder ein Jagdhundmischling ist, weil man den Ablauf der Jagdsequenz kennt, die zu diesen Rassen gehört.

Der als Jagdgebrauchshund gezüchtete Weimaraner macht aufgrund seiner Jagdleidenschaft in der Hand von Nichtjägern oft Probleme.

Hütehunde und Jäger aus Leidenschaft

Ein besonderes Kapitel sind Hütehunde und solche Hunde, die einfach aus Leidenschaft jagen.

Hütehunde hüten Viehherden. Sie umkreisen die Herde, treiben sie von A nach B, zwicken einem Schaf oder einer Ziege auch schon mal in die Beine, wenn sie nicht gehorchen, und stehen fixierend vor ihnen.

Und natürlich gibt es auch sie: die Jäger aus Leidenschaft. Man kann sie keiner Jagdhundrasse zuordnen und auch keiner Hütehundrasse. Rückschlüsse auf einen gewissen Arbeitsstil kann man daher nicht ziehen, und irgendwie hat man den Eindruck, sie befinden sich 24 Stunden am Tag auf der Jagd, und das mit allen Sinnen. Sie sind so engagiert, dass man sich fragt, was sie wohl mit einem erbeuteten Tier machen würden. Viele von ihnen haben sich das Jagen selbst beigebracht, häufig von uns unbeabsichtigt unterstützt.

Manche haben sich in freier Natur sogar eine Zeit lang von ihrer Beute ernährt. Oft sind dies in Südeuropa eingefangene Straßenhunde und Streuner. Man sagt, diese Hunde, die sich durch Jagd einmal hätten ernähren müssen, hätten die schlechtesten Prognosen im Antijagdtraining. Meine persönliche Erfahrung ist eine andere. Der Grund hierfür liegt mit ziemlicher Sicherheit darin, dass nicht jeder dieser Selbsternährer in Wirklichkeit einen großen Jagdtrieb hat. Er hatte früher einfach nur Hunger. Und längst nicht jeder von ihnen durchläuft die komplette Jagdsequenz durch genetische Programmierung. Immer wenn genau dies nicht der Fall ist, öffnet sich im Antijagdtraining eine Lücke, in die wir einhaken können. Ein ehemaliger Selbsternährer sollte im Training in freier Naturund auf Spaziergängen zum Beispiel immer satt sein, womöglich für einen gewissen Zeitraum ständig Essen zur Verfügung haben.

Einen Jäger aus Leidenschaft müssen wir im Training davon überzeugen, dass wir entweder gemeinsam jagen oder keiner von uns. Hier spielt auch die alternative Beschäftigung und vor allem Gehorsamkeit und Rangeinordnung eine große Rolle. Dazu kommen wir später.

Manchmal kann man rufen wie man will: Wenn der Hund etwas anderes im Sinn hat, wartet man vergeblich.

Ein häufiges Missverständnis: Ungehorsam und Langeweile statt Jagdtrieb

„Ich wünschte, mein Hund hätte keinen Jagdtrieb." Diesen Satz hab ich schon oft von Leuten gehört. Wir begannen das Training, und siehe da – schwups, der Wunsch wurde erfüllt. Der Hund hatte keinen Jagdtrieb. Er hatte nämlich nie einen gehabt. Mit einem Gehorsamkeitstraining und (von nun an regelmäßiger) alternativer Beschäftigung ist in solch einem Fall das Problem erledigt. Dieses ist die einzige Art von „Jagdproblem", die man tatsächlich wegtrainieren kann, denn einige Hunde jagen aus Langeweile oder aus einem Missverständnis heraus. Häufig haben sie es nur noch nicht verstanden, dass diese Freizeitbeschäftigung, die sie sich täglich suchen und die unheimlichen Spaß macht, sehr unerwünscht ist.

In diesem Fall besteht das Training lediglich darin, dass der Mensch nun seinem Hund klarmacht, dass er dies nicht wünscht, am besten mit einem gut trainierten „Nein!" Wie Sie dies gut trainieren, lesen Sie später.

Trotzdem darf man nicht vergessen, dass Jagen auch bei geringem Jagdtrieb selbst belohnend ist. Doch gegen diese geringe Intensität kann man in den meisten Fällen antrainieren. Und wenn man sich sicher ist, dass der Hund es verstanden hat, weil er an der Schleppleine hinter keinem Vogel und keinem Hasen hergeht, muss das Training ohne Leine und damit mit großer Vorausschau weitergeführt werden. Die Basis dieses Trainings ist die allgemeine Gehorsamkeit. Grundkommandos müssen auch unter großer Ablenkung (also in der Stadt oder in der Gegenwart anderer Hunde oder leckerer Würstchen) ausgeführt werden. Ein gut konditionierter Kommpfiff ist Voraussetzung. Außerdem sollten Sie mit solchen Hunden sehr viele Bindungsspiele machen, denn oft steckt ein ausgeprägter Spiel- und Bewegungstrieb hinter dieser Sorte „Jagdproblem". Vermeiden Sie aber auf jeden Fall Hetzspiele mit einem Ball. Häufig finden wir dieses Jagen aus Langeweile oder Missverständnis bei Retrievern und Gesellschaftshunden.

Aber auch in diesem Kapitel treffen wir wieder auf Hütehunde. Was bei ihnen trotz eines geordneten Gehorsamkeitstrainings häufig zurückbleibt, ist das innere starke Bedürfnis, weite Kreise zu laufen. Dies ist der übrig gebliebene Rest des sogenannten „Outruns", den ein Hütehund hinter sich bringt, wenn er vom Schäfer aus laufend seine Herde umkreist, um sie zu treiben. Wie Sie mit diesem Verhalten umgehen, ist eine persönliche, fallbedingte Entscheidung. Manche Hütehunde sind durch ein weiteres konsequentes Training davon abzubringen. Andere sind zwar die Gehorsamkeit in Person, doch den Outrun können sie sich, gesteuert durch ihren Trieb, einfach nicht verkneifen. Zumindest am Anfang eines Spaziergangs müssen Sie ihn ein- oder zweimal ausleben.

Vielleicht lassen Sie Ihren Hund im zweiten Fall nur dort frei laufen, wo in weitem Umkreis kein Verkehr ist. Beobachten Sie ihn und kalkulieren Sie den Kreis bei Spaziergängen ein. Ist die Bindung und die Gehorsamkeit gut, sehen Sie ihn jedes Mal nach wenigen Sekunden wieder. Dort, wo es nicht möglich ist, muss Ihr Hund an die Leine. Denken Sie jedoch daran, dass gerade diese Sorte Hund ihren Trieb regelmäßig ausleben muss, sonst könnten Sie einen Neurotiker bekommen. Kann dies auf Ihrem eigenen Grundstück geschehen, umso besser. Dann werden Sie auf Spaziergängen Ihren Hund kaum vermissen, weil er seine Kreise bedeutend kleiner halten wird.

Unglaublich, aber wahr: Die Sinnesleistungen unserer Hunde

Ein paar kurze Sätze zu den Sinnesleistungen unserer Hunde: Dass sie von ihren Augen, Ohren und ihrer Nase bei ihrem Jagdjob unterstützt werden, kann man getrost als Untertreibung ansehen. Es ist eher so: Alle ihre Sinne sind darauf ausgerichtet zu jagen, selbst im schwachen Licht der Morgen- und Abenddämmerung. Sie müssen unbedingt wissen, was Ihr Hund sieht, hört und riecht, denn in dieser Hinsicht lebt er in einer anderen Welt als Sie.

Hunde sind Bewegungsseher, das heißt, dass sie sich bewegende Objekte um ein Vielfaches besser wahrnehmen können als ein Mensch. Ein kleiner Punkt am Horizont, für uns gerade erkennbar, wird vom Hund als Pferd oder Katze identifiziert, wenn er sich bewegt. Sein Gesichtsfeld beträgt in etwa 210 Grad, das des Menschen ungefähr 100 Grad. Farben kann ein Hund nur eingeschränkt erkennen. Vorwiegend besteht seine Welt aus Schwarz, Weiß und Grau, jedoch erkennt er die Farben Rot, Blau, Indigo und Violett. Bei schwachem Licht weiten sich seine Pupillen extrem, sodass er sehr viel mehr sehen kann als ein Mensch.

Auch das Gehör des Hundes ist weitaus besser als das seines menschlichen Partners. Es nimmt Frequenzen im Ultraschallbereich wahr und differenziert feinste Tonunterschiede. Bis ein Mensch das gleiche Geräusch im normalen Schallbereich hört, müsste es etwa dreimal so laut sein. Das Rascheln einer Maus im Gras, für einen Menschen nicht hörbar, bemerkt ein Hund sehr gut, einer, den es interessiert, sogar etliche Meter bevor man das Mäuschen erreicht hat.

Kaum zu übertreffen ist jedoch der Geruchssinn unserer Hunde. Menschen verfügen über rund fünf Millionen Geruchsrezeptoren, Hunde über bis zu 200 Millionen! Wenn ein Hund einer Spur nachgeht, ist es für ihn genauso, als sähen wir jeden Fußtritt des verfolgten Tieres oder Menschen. Er unterscheidet außerdem sehr gut, welche Geruchsspur alt und welche neu ist, also ganz klar: welche sich lohnt verfolgt zu werden und welche nicht. Er riecht kleinste Hautschuppen, abgestreifte Körperreste und zertretene Kleinstlebewesen, die wir nur unter einem Mikroskop sehen können.

Mit dieser Kombination perfekten Seh-, Hör- und Riechvermögens, mit dieser unglaublich großen Informationsaufnahme ist ein Hund der geradezu perfekte Jäger. Bestimmt können Sie sich jetzt vorstellen, in welcher Welt er lebt. Und bestimmt rechnen auch Sie es nun Ihrem Hund hoch an, wenn er trotz dieser Reizüberflutung konzentriert mit Ihnen arbeitet.

Erste Schritte im Antijagdtraining

Triebe führen zu starken Reizen. Wie sehr diese Reize ein Training erschweren können, haben wir bereits erfahren. Man arbeitet zwar daran, dass Wort- und Sichtzeichen – Kommandos – besser und schneller beachtet werden. Diese Konditionierung bricht jedoch regelmäßig zusammen, wenn der gegenwärtige Reiz größer ist als die Belohnung, die unser Hund erwarten kann. Es bleibt nur eine Lösung: Er muss auf Kommunikation reagieren und Tabus akzeptieren. Hierzu brauchen wir perfekte Voraussetzungen. Wir sollten also den ersten Schritt zum Antijagdtraining gezielt machen und vor dem Start fragen:

Wie verbessere ich meine Erfolgschancen?

Bedenken Sie zuerst, dass alles, aber auch alles Auswirkungen auf das Verhalten eines Hundes hat. Viele Dinge, an die man gar nicht denkt, können die Chancen auf den Erfolg

verbessern, aber auch zunichte machen. Auch hier gilt wieder einmal, dass der beste Trainer der gesunde Menschenverstand ist. Niemand kennt Ihren Hund besser als Sie selbst. Überlegen Sie, wo seine Stärken und Schwächen sind und was man vielleicht verändern kann, damit das Antijagdtraining, das Sie beginnen wollen, den bestmöglichen Erfolg zeigt. Beobachten Sie ihn genau. Gibt es irgendwelche Auffälligkeiten, die ihn von anderen Hunden unterscheiden? Hat er Vorlieben oder Abneigungen? Und wie können wir diese nutzen? Zudem sollten wir auf ein paar grundlegende Dinge achten.

Ein Hund ist, was er isst

Zunächst wäre da das Futter. Nicht jeder Hund verträgt und verwertet jedes Futter gleich gut. Häufig sind Hunde besonders unruhig und zappelig, weil der Getreideanteil in ihrer Nahrung zu hoch ist oder sie nicht die Vitamine und Mineralien bekommen, die sie brauchen; andere Hunde sind rundherum mit ihnen überversorgt. Manche Futtersorten enthalten so viel Protein, dass der Hund mit dieser Energie Berge versetzen könnte.

Futterempfehlungen kann man nur geben, wenn man den Hund kennt. Schauen Sie sich einmal die Bestandteile der einzelnen Futtersorten an. Es sollten möglichst hochwertige Proteine (zum Beispiel vom Huhn) enthalten sein; die Fleischanteile müssen an erster Stelle aufgelistet sein. Weizen sollte das Futter nicht enthalten.

Eine Möglichkeit, den Hund artgerecht zu ernähren, ist die Rohfütterung, bei der der Hund rohes Fleisch, Gemüse und Kohlehydrate in vorher ausgerechneter Menge erhält.

Extreme Reaktion auf Umweltreize

Kommt es Ihnen so vor, Ihr Hund könnte – formulieren wir es mal salopp – nicht ganz normal sein, sobald irgendwelche Umweltreize auf ihn einwirken? Ist er nicht mehr ansprechbar, unkontrollierbar, und tickt er geradezu aus, wenn zum Beispiel ein Blatt zu Boden fällt? Dann wäre ein Besuch bei einem Fachtierarzt nicht die schlechteste Idee. Eine Wildspur oder ein flüchtender Hase wird diesen Hund geradezu unzurechnungsfähig

erscheinen lassen. Ein organischer Schaden ist nicht unwahrscheinlich. Sie können sich nämlich im wahrsten Sinne des Wortes einen Wolf trainieren, wenn Ihr Hund Ausfälle durch fehlerhaften Aufbau von Neurotransmittern wie beispielsweise das Dopamin hat. Auch diese Art von Defekten kann man teilweise durch Nahrung und teilweise auch durch ein spezielles Training beeinflussen, das nichts mit einem Antijagdtraining zu tun hat. Seien Sie jedoch vorsichtig mit Psychopharmaka oder Beruhigungsmitteln. Dies kann den Hund organisch schädigen; manche Hunde werden durch sie aufgrund ihrer Krankheit noch nervöser statt ruhiger, vor allem aber sind sie durch diese Medikamente kaum noch in der Lage zu lernen und somit ihr Verhalten zu ändern.

Stress

Leidet Ihr Hund unter Stress, blockiert er schnell. Die Auswirkungen sind doppelt schlimm: Er kann nicht mehr lernen, und er neigt fast immer dazu, den Stress über Bewegung – was in unserem Fall davonlaufen bedeuten würde – abzubauen. Die meisten jagdtriebigen Hunde zeigen schon Stresssymptome, wenn sie nur das Haus oder das Auto verlassen. Damit Ihr Hund auch dann noch in der Lage ist zu lernen, müssen Sie zum einen den alltäglichen Stress und den Stress in der Übungssituation so niedrig wie möglich halten.

Letzteres ist am einfachsten: Bewegen Sie sich langsam, sprechen Sie ruhig und puschen Sie den Hund vor oder während des Trainings nicht mit starken Bewegungs- und Rennspielen auf. Der Rest richtet sich nach dem Hund. Hat er zum Beispiel Probleme mit anderen Hunden, vermeiden Sie Hundebegegnungen. Haben Sie kleine Kinder, die ungeduldig und laut sind, lassen Sie diese zu Hause. Sie müssen Ihrem Hund helfen, damit er dem Training so gut wie möglich folgen kann.

Dass Hunde häufig unter dem alltäglichen Stress leiden, ist den wenigsten bewusst. Vielen Hunden merkt man es nur an, wenn sie schließlich in anderen, eigentlich nicht stressbelasteten Situationen plötzlich Stresssymptome zeigen. Das sollte für Sie ein Warnsignal sein, etwas im Leben oder in der Haltung Ihres Hundes zu verändern.

Verbessern Sie zudem systematisch seine Stressresistenz, indem Sie ihn gezielt und dosiert Stresssituationen aussetzen, ihm aber helfen, sie zu bestehen. Lassen Sie ihn über eine kurze Zeitspanne Dinge machen, die er nicht mag, oder enthalten Sie ihm kurzfristig etwas vor, das er gern hätte. Lassen Sie ihn sich aufregen, und wenn er sich wieder beruhigt hat, belohnen Sie ihn, am besten durch Zuwendung.

Denken wie ein Rudelführer - denken wie ein Hund

Eigentlich ist es uns allen ganz klar: Wenn wir so komplizierte Dinge wie das Jagdverhalten unseres Hundes in den Griff bekommen wollen, müssen wir uns in ihn hineindenken. Noch besser ist es, wir fühlen uns in ihn hinein. Wenn wir zudem auch noch ähnlich wie der Führer eines Hunderudels denken und handeln, dann verbessern wir unsere Erfolgschancen um ein Vielfaches.

Die Geschichte mit dem Rudel

Einiges haben wir schon gehört und gelesen über Rudel, Rangordnung, Alpha, Dominanz und andere beliebte Begriffe.

Inzwischen ist klar, dass eine menschliche Familie aus der Sicht unseres Hundes für ihn kein vollwertiges Rudel darstellt. Und sicherlich sind unsere Hunde auch nicht so einfach gestrickt, dass sie in uns andere Hunde sehen. Ich denke, dass jeder

Teddy ist häufig gestresst. Dieses Lecken ist bei ihr meistens ein Anzeichen für Überforderung.

mit einem gewissen Abstand beobachten kann, dass sich unsere Hunde mit anderen Hunden in jeder Beziehung besser verständigen können als mit uns. Trotzdem sind wir immerhin ihr Ersatzrudel, denn Hunde sind soziale Tiere und leben – wenn sie die Möglichkeit haben und es die Lebensumstände erlauben – gern in einem sozialen Verbund. Je mehr also unser Ersatzrudel einem richtigen Rudel ähnelt, desto wohler fühlt sich unser Hund und desto besser gelingt ein geordnetes Zusammenleben.

Ein Rudel hat keine demokratische Form, jedoch ist es auch keine Diktatur. Die Mitglieder leben in einer Hierarchie, die nicht starr ist, sondern sich durchaus des Öfteren, vor allem situationsbedingt, verändern kann.

Und was zeichnet den Rudelführer aus? Nun, ganz bestimmt keine Aggression. Ein Rudelführer verfügt über mehr Ressourcen als die restlichen Rudelmitglieder, weil er sie sich ganz einfach nimmt und weil die anderen akzeptieren, dass sie ihm zustehen. Ressourcen sind all die Dinge, die er zum Leben braucht und die sein Leben angenehmer machen. Dies kann Nahrung sein, aber auch ein bequemer Schattenplatz, die ständige Aufmerksamkeit der anderen oder das Recht auf Fortpflanzung. Ein Rudelführer ist ruhig, zuverlässig und eindeutig in seiner Willensäußerung.

In unserem täglichen Leben kann man sie überall beobachten, die typischen Rudelführer, in fast allen Hundegruppen, egal ob sie ständig zusammen sind oder sich auf einer Hundewiese zufällig treffen. Sie sind ignorant und selbstsicher. Gerne werfen sie einen kurzen kontrollierenden Blick über die Gruppe, ehe sie sich ihrem persönlichen Interesse zuwenden, was häufig Schnüffeln und Markieren ist. Die meisten Hunde haben innerhalb weniger Sekunden, häufig noch schneller, die Situation erfasst. Nur unerfahrene und freche Gruppenmitglieder wagen es, aufzumucken. Ein Rudelführer klärt eine solche unklare Situation sofort, deutlich und effektiv. Danach ist Ruhe in der Gemeinde, und wieder ist zu beobachten: Der Rudelführer ignoriert und agiert, die anderen reagieren. Häufig laufen die Jüngeren dem Chef einfach hinterher, sehr häufig auch dann, wenn sie ihn gerade erst kennengelernt haben. Sie wissen genau: So einen starken Typen lässt man in Ruhe, aber man sucht seine Nähe. So ein Typ garantiert ein geordnetes Leben und Jagderfolg, denn wer so cool ist, wird schon wissen, dass er es sich leisten kann, so zu sein oder zumindest so ähnlich.

Was bedeutet das für uns und unser Antijagdtraining? Hunde folgen am liebsten auch dem Menschen, der sich ignorant und ein wenig arrogant verhält. In der Hundewelt ist derjenige fast immer auch der beste Jäger. Unser Problem ist aber, dass wir definitiv kein besserer Jäger sind als unser Hund. Das weiß der natürlich auch. Welch ein Dilemma! Und jetzt? Tja, wer blufft, gewinnt. Zwar reicht es nicht, dem Hund zu zeigen, dass man cool ist – und das Jagdproblem ist verschwunden. Aber der Bluff ist eine gute Voraussetzung dafür, dass ein Antijagdtraining überhaupt eine Chance auf Erfolg hat.

Zeigen Sie ihm, dass Sie ein toller Rudelführer sind. Das heißt: Sie sind zuverlässig, konsequent und sehr deutlich, wenn Sie Ihrem Hund sagen, was Sie wünschen und was nicht. Sie sind stets ruhig und gelassen und häufig ignorant. Selbstverständlich reagieren Sie in jeder alltäglichen Situation gelassen und ohne Hektik. Hierbei spielen auch die Hausstandsregeln, über die wir später reden, eine große Rolle.

Bitte antworten Sie ehrlich

Handeln Sie wie der Führer Ihres kleinen Familienrudels? Sind Sie zuverlässig, konsequent und deutlich in dem, was Sie sagen? Bleiben Sie in möglichst allen Situationen ruhig? Verstehen Sie Ihren Hund, wenn er Ihnen sagt, dass er Angst hat, sich nicht wohlfühlt oder Machoallüren an den Tag legt? Sprechen Sie seine Sprache? Und reagieren Sie so darauf, dass er Sie richtig versteht? Können Sie ihm helfen, diese und andere Probleme zu lösen?

Wenn ja, dann sind Sie ihm ein guter Rudelführer und haben eine realistische Chance, auch ein guter Jagdanführer zu werden, auf den er unter Umständen sogar hört, wenn dieser sagt, dass diesmal nicht gejagt wird.

Wenn nicht, dann sollten Sie sich erst einmal damit befassen, Ihren Hund in einfachen, alltäglichen Situationen zu verstehen und sich dort für ihn als Chef zu qualifizieren. Gute weiterführende Literatur dazu finden Sie im Anhang.

Bevor wir mit dem Training beginnen ...

... noch ein paar grundsätzliche Überlegungen, die Ihnen bei der Planung von Übungen helfen werden. Bitte vergessen Sie nie, dass ein Hund bei allem, was er tut und lernt, Emotionen durchlebt. Die Qualität dieser Emotionen ist häufig entscheidend für den Lernerfolg. Und das, was der Hund fühlt, wenn er etwas neu entdeckt (beziehungsweise lernt), das bleibt oft bis an sein Lebensende mit dem Erlernten verbunden. Also sollten Sie ernsthaft darüber nachdenken, ob Ihr Hund später positive oder negative Gefühle bei bestimmten Kommandos oder in bestimmten Situationen haben soll. Immer dann, wenn Sie mit dem Training neuer Dinge beginnen, haben Sie die Wahl. Beim Antijagdtraining heißt das ganz klar: Negative Gefühle soll der Hund dem Wild gegenüber bekommen, alles andere soll er positiv sehen. Wenn Sie das als feste Regel verinnerlichen, werden viele Trainingsfehler nicht entstehen.

Wie lernt ein Hund?

Hierzu nur einige wenige Sätze. Wenn wir Hunden Wort- und Sichtzeichen beibringen, dann nutzen wir meistens die *instrumentelle Konditionierung*. Wir verknüpfen unser Signal (zum Beispiel „Sitz") mit dem Verhalten (der Hund setzt sich), indem wir ihn zeitgleich belohnen.

Die *klassische Konditionierung* verknüpft zwei Signale miteinander, die beim Hund ein Verhalten auslösen, auf das er keinen Einfluss hat.

Jeder Hund lernt durch *Zuschauen und Nachahmen*. Daher ist es ratsam, einen jagdtriebigen Hund *nie* mit anderen jagdtriebigen Hunden laufen zu lassen, auch nicht, wenn beide angeleint sind. Dagegen hilft es ungemein, einen anderen Hund mitzunehmen, der gehorsam ist und sich nicht für Wild interessiert. Lernen durch *Gewöhnung* dauert im Allgemeinen länger, hält aber auch länger. Überlegen Sie stets, ob sich Ihr Hund bestimmte Dinge angewöhnen sollte oder nicht. Sorgen Sie dafür, dass er für das Antijagdtraining hilfreiche Dinge ständig wiederholt. Ein Beispiel hierfür ist das längere Verweilen bei Ihnen nach dem Ableinen und erst Loslaufen, wenn Sie es ihm gestatten, oder immer auf dem Weg zu bleiben, nie ins Unterholz zu gehen.

Weil Hunde ständig über *Versuch und Irrtum* lernen, haben wir oft gar keinen Einfluss darauf, was sie eigentlich gerade lernen. Generell gilt: Funktioniert ein Verhalten, wiederholt es der Hund immer öfter. Hat er keinen Erfolg, lässt er es sein. Dies spielt vor allem bei Jagdproblemen eine große Rolle. Ihr Lehrling darf beim Jagen keinen Erfolg haben! Und Erfolg heißt nicht nur, das Wild zu bekommen.

Erfolg heißt bereits, sich selbst durch den Ansatz einer Jagd zu belohnen. Dies ist häufig schon beim Schnüffeln oder bei einem Blick in Richtung Wild der Fall.

Für alle Lernmöglichkeiten gilt, dass Hunde situationsbezogen lernen. Das heißt, sie benötigen sehr viele Wiederholungen (unter Umständen einige Tausend) in sehr vielen unterschiedlichen Situationen und an unterschiedlichen Orten, bis sie ein Kommando oder eine Verhaltensweise gelernt haben. Leider ist der Jagdtrieb hiervon ausgenommen. Nur wenige Wiederholungen lassen den Hund immer öfter nach Gelegenheiten suchen.

Die perfekte Belohnung

Belohnung und positive Bestärkung sind die Schlagwörter der modernen Hundeerziehung. Sie sind es zu Recht, denn beim Training von Wort- und Sichtzeichen und in den meisten Alltagssituationen kann man nur auf diese Weise den Hund fair und gerecht erziehen. Für das richtige Belohnen gibt es einige Regeln, die immer zum Erfolg führen. Wählen Sie die Belohnung, die Ihr Hund selbst als die beste aller Belohnungen bezeichnen würde. Sehr häufig sind dies Leckerchen, die helfen zeitgenau und ruhig mit dem Hund zu arbeiten. Es könnte aber auch ein gemeinsames Spiel

Leckerchen sind eine Möglichkeit, den Hund zeitgenau und ruhig zu belohnen.

Es ist wichtig, bei dieser Übung rechtzeitig „Nein“ zu sagen, bevor der Hund den Ball erreicht hat.

sein oder ein Ableinen oder das Öffnen der Terrassentür, wenn Ihr Hund unbedingt in den Garten möchte. Anfangs, wenn Sie etwas Neues mit Ihrem Hund üben, belohnen Sie ihn jedes Mal; zeigt er sicher das erwünschte Verhalten, belohnen Sie ihn nur noch variabel. Dies sollte in unregelmäßigen Abständen und mit unterschiedlich guter Belohnung geschehen.
Zwei Möglichkeiten der Belohnung fallen zudem im Antijagdtraining wesentlich stärker ins Gewicht als im alltäglichen Gehorsamkeitstraining. Erstens belohnt sich ein Hund häufig selbst durch Hormonausschüttung. Zweitens lernt er durch Versuch und Irrtum, auf Deutsch: Was funktioniert, wird wiederholt; was nicht funktioniert, wird nicht wiederholt. Dieses Wissen hilft uns sehr.
Schon die Erwartung eines wundervollen Jagderlebnisses lässt den Hundekörper „Glückshormone" freisetzen. Wenn Sie also dort spazieren gehen, wo Ihr Hund früher beglückende Jagderlebnisse hatte, können Sie es nicht vermeiden, dass er bereits in bester Jagdlaune das Auto verlässt.
Beginnt er schließlich eine Jagd durch Verfolgen einer Fährte mit der Nase oder eines flüchtenden Tieres mit den Augen, ist dies die perfekte Belohnung für Ihren vierbeinigen Begleiter. In diesem Augenblick gibt es nur eine Belohnung, die dem annähernd gleichkommt: die Aussicht auf eine andere Beute, die er tatsächlich erlangen kann. Hinter dem Wort „Beute" könnte dabei für den einen Hund ein Spielzeug stehen, für den anderen jedoch ein anderes Stück Wild, je nach Stärke des Jagdtriebes und je nach Fixierung auf verschiedene Objekte in der Vergangenheit.

Das Lernen über Versuch und Irrtum ist eine wunderbare Einrichtung der Natur

Eine Auswahl sinnvoller Trainingshilfen, die man nutzen kann.

und belohnt den Hund für eine richtige Handlung, für die er sich selbst entschieden hat. Sorgen Sie dafür, dass genau die Handlungen Ihrem Hund Erfolg bringen, die Ihr Training voranbringen. Alles, was Ihr Hund versucht, aber Ihrem Trainingszweck oder Ihrer Vorstellung von einem wohlerzogenen Hund widerspricht, darf ihm dagegen keinen Erfolg bringen. Mit ein wenig Aufmerksamkeit und Überlegung können Sie ihm so häufig eine nahezu perfekte Belohnung geben: Sorgen Sie dafür, dass sich die „richtigen Versuche" lohnen.

Timing heißt das Zauberwort ...

... an dem man nicht vorbeikommt, wenn man erfolgreich einen Hund erziehen möchte. Wir haben nicht viel Zeit, unseren Hund für etwas zu belohnen, das wir gut finden. Es ist nur rund eine Sekunde, eventuell zwei (je nach Hund, Schwierigkeit der Übung, Konzentrationsfähigkeit oder Stärke der Umweltreize), die uns zur Verfügung stehen. Bis dahin muss er gelobt oder getadelt sein.

Das ist oft kaum möglich in solch einer kurzen Zeitspanne. Dieses Problem können wir mit einem sekundären Bestärker, zum Beispiel einem Clicker, leicht lösen. Wer nicht mit dem Clicker arbeiten möchte, kann ein nett ausgesprochenes Wort wie „Fein" wählen. Anfangs gleichzeitig mit der Belohnung ausgesprochen, wird es schnell zu einem Synonym und einer Ankündigung dafür. Der Vorteil des Wortes ist, dass man es immer dabeihat. Der Vorteil des Clickers ist sein neutrales, immer gleichbleibendes Geräusch. Eine Stimme transportiert oft Emotionen wie

Angst, Ärger oder Unsicherheit, der Clicker bleibt immer gleich.

Aber auch wenn man dies alles ständig beachtet, im Basistraining nie vergisst und perfekt anwendet – alles wird komplizierter, wenn man sich mit dem Hund draußen in freier Natur befindet und plötzlich überall die Gefahr von Wildgerüchen und flüchtenden Kaninchen droht. Hier gibt es zwei Dinge, die wir beachten müssen: Erstens sollten Sie den Hund genau beobachten, ihn „lesen" und schnell reagieren; der Clicker muss in der Hand, das Wort auf den Lippen sein. Zweitens: Trainieren Sie Ihr Timing unter Ablenkung. Versuchen Sie kritisch zu bewerten, ob Sie schnell genug reagieren, wenn Ihr Hund plötzlich – wie aus heiterem Himmel – etwas macht, was er nicht machen soll, oder aber wenn er etwas ganz besonders gut macht. Gehen Sie mit ihm an einem selbst ausgelegten Kauknochen oder einem Ball vorbei und halten Sie ihn davon ab, diesen aufzunehmen – ohne an der Leine zu rucken! Sehen Sie solche Aufgaben nicht allein als Trainingsaufgaben für Ihren Hund, sondern auch als Reaktionstraining für sich selbst.

Praktische Trainingshilfen

Mit der richtigen Ausrüstung optimieren Sie Ihren Trainingserfolg um ein Vielfaches. Sie werden sehen, dass ich mich nicht scheue, sämtliche Trainingshilfen einzusetzen, die uns zügig weiterhelfen. Beschaffen Sie sich zuerst auf jeden Fall eine Pfeife. Sehr beliebt sind die Kunststoffpfeifen der Firma ACME. Die Tonhöhe 211,5 ist sehr angenehm für unsere Ohren. Diese Pfeifen sind dem Hundegehör gut angepasst, sie sind standardisiert, klingen immer gleich, und bei Verlust nimmt man einfach den Ersatz aus dem Schrank, ohne den Pfiff neu konditionieren zu müssen. Zur Pfeife brauchen Sie ein Bändchen, um sie umzuhängen, damit sie immer griffbereit ist.

Ein Clicker, eine kurze Leine (ungefähr ein bis zwei Meter), eine etwa acht bis zehn Meter lange Schleppleine mit Karabiner (der Größe des Hundes angepasst, so stabil wie nötig, so dünn wie möglich), zur Schleppleine eventuell ein Geschirr (um den empfindlichen Hundehals zu schonen), Trainingsdiscs, Dummys zum Apportieren, Anisöl für die Schleppenarbeit und die richtige Kleidung sind praktische Utensilien beim Antijagdtraining.

Versetzen Sie sich in die Lage Ihres Hundes. Stellen Sie sich vor, Sie gehen mit ihm in die Natur und trainieren auf dem Feld oder im Wald. Es ist warm, Sie tragen Sandalen und ein ärmelloses Top und können *auf gar keinen Fall* ins hohe Gras oder ans Seeufer (wo Sie ja auch trainieren müssen). Da könnten Zecken sein oder ein Frosch. Am nächsten Tag regnet es, Sie tragen Turnschuhe und eine leichte Windjacke. Das Training nervt Sie, Sie haben nasse Füße, und das Wasser tropft in den Nacken. Sie können nicht richtig rennen, nicht klettern, nicht durch eine Pfütze laufen. Alles das würde Sie in den Augen Ihres Hundes aber zu einem fähigen Jagdbegleiter machen, dem man vertrauen kann und der alles mitmacht. Auf solch ein Weichei, das nicht mithalten kann, kann ein richtiger Jäger gut und gern verzichten. Der ist nur hinderlich. Den lässt man am besten am Parkplatz zurück.

Sinnvolle Trainingshilfen:

- Pfeife
- Schleppleine
- Dummys
- Clicker
- kurze Leine
- Anisöl
- Trainingsdiscs
- angepasste Kleidung
- Wildduftstoffe

Unterwegs in freier Natur: Stina achtet trotzdem aufmerksam auf ihren Menschen

Gute Vorbereitung ist das halbe Training

Das ist nicht nur beim Antijagdtraining so. Aber hier ist es besonders wichtig, dass wir gute Voraussetzungen schaffen und dafür sorgen, dass möglichst wenig schiefgeht. Denn wenn es schiefgeht – ist unser Hund erst einmal weg!

Vergessen Sie für die nächsten Wochen und Monate – vielleicht auch noch länger – gemeinsame Spaziergänge mit anderen Hunden, die nicht absolut gehorsam sind und die sich ebenfalls für Wild interessieren.

Dann sollten Sie überlegen, ob Sie mit einem satten oder hungrigen Hund trainieren. Im Basistraining der Grundkommandos sollte der Hund immer hungrig sein, damit er sich gut mit Futter motivieren lässt. Das gilt eigentlich auch im späteren Aufbautraining in freier Natur. Wenn sich der Hund in früheren Zeiten jedoch durch selbst erjagte Mahlzeiten ernährt hat, ist Hunger in freier Natur eher hinderlich. Achten Sie dann darauf, dass er satt ist, und fahren Sie die Qualität der Leckerchen entsprechend hoch.

Planen Sie jede einzelne Trainingseinheit sorgfältig und erstellen Sie ein Konzept, das individuell auf Ihren Hund abgestimmt ist. Ein Antijagdtraining sollte immer ein aufbauendes Training sein. Dazu gehört, dass Sie ständig neu festlegen, wie weit Ihr Hund ist, wie gut er sich konzentrieren kann, wann Sie welche Ablenkungen einbauen, zu welcher Tageszeit und wo genau Sie üben. Trainieren Sie anfangs eher in der Mittagszeit in einem viel besuchten Waldstück, in dem so viel los ist, dass sich eh kaum ein Hase oder Reh dahin verirrt. Wochen später könnte es gegen Abend ein von Hasen bevölkertes Feld am Dorfrand sein.

Haben Sie immer Alternativen im Kopf, wenn eine Übung nicht funktioniert, sozusagen Plan A, Plan B und Plan C.

Planen Sie für jede Trainingseinheit viel Zeit ein, arbeiten Sie nie in Hetze. Gönnen Sie Ihrem Hund direkt vor und direkt nach dem Training ein bis zwei Stunden Ruhe. Am besten, Sie lassen ihn allein an seinem Schlafplatz. Hierdurch ist er zu Beginn des Trainings ruhig und wird nach einer Trennung von Ihnen nun lieber mit Ihnen arbeiten. Nach dem Training wird das Erlernte nicht sofort wieder mit anderen – eventuell aufregenden und spaßigen – Erfahrungen zunichte gemacht.

Kontrollieren Sie vor dem Training, ob Sie auch alle Hilfsmittel dabeihaben. Hier leistet Ihnen eine Weste oder eine Jacke mit genügend Taschen gute Dienste. Sie können es sich nicht erlauben, im Feld plötzlich festzustellen, dass Sie Ihre Pfeife vergessen haben. Es ist auch gut, auf den Hund jederzeit den Eindruck zu machen, man hätte alles im Griff, auch die Hilfsmittel, die man nicht hektisch irgendwo suchen muss.

Das Wichtigste zum Schluss: Vergessen Sie das Training, wenn Sie nicht fit, frisch und gut gelaunt sind. Verschieben Sie es dann lieber auf einen anderen Tag. Denken Sie immer daran, dass Ihr Timing gut sein muss, dass Sie jederzeit Herr (oder Frau) der Lage sein müssen und dass Sie Ihren Hund nie mit Ungeduld oder Wut behandeln. Bleiben Sie stets cool und helfen Sie Ihrem Hund mit ruhiger Konsequenz. Dann wird er bald akzeptieren, dass Sie ihm etwas zu sagen haben, und das mit der doppelten Bedeutung, an die Sie bestimmt auch gerade denken.

Checkliste für ein erfolgreiches Antijagdtraining:

- Kenntnisse über die Rasse aufbauen
- Organische Hindernisse abchecken: Krankheiten, Futter, individuelle Auffälligkeiten
- Vertrauen aufbauen: Handfütterung; deutlich, konsequent und zuverlässig sein
- Ein ruhiger und überlegener Rudelführer sein
- Hausstandsregeln aufstellen
- Körpersprache beachten und angemessen reagieren
- Aufmerksamkeitstraining: Schau ohne Kommando
- Ausreichende Bewegung
- Vermeidung von blockierendem Stress durch Training, Spiel, Haltung
- Systematische Verbesserung der Stressresistenz
- Steigerung der Konzentrationsfähigkeit durch Übungen

Antijagdtraining in der Praxis

Ich denke, nun sind Sie gut gerüstet, das praktische Training mit Ihrem Hund zu beginnen. Zuerst sollten Sie festlegen, welcher Typ Ihr Hund eigentlich ist. Hiervon hängt das weitere Training entscheidend ab, denn ein Erfolg versprechendes Antijagdtraining muss auf den einzelnen Hund abgestimmt werden.

Warum jagt ausgerechnet mein Hund?

Da ist zunächst einmal eine der wichtigsten Fragen: Was ist das für ein Hund, den ich habe? Ist es ein Hütehund, ein Jagdhund, ein anderer Hund einer jagdtriebigen Rasse, zum Beispiel ein Husky,

Dieser sechs Monate alte Magyar Vizsla zeigt den Ansatz zum Vorstehen, ein Hinweis darauf, dass es sich vermutlich um einen Hund vom Typ A handelt.

oder vielleicht sogar ein Hund, der sich ehemals eventuell durch Jagen selbst ernährt hat? Gehört er keinem der genannten Typen an? Dann ist er vielleicht nur gelangweilt und unterfordert? Sie haben keine Ahnung? Schauen wir mal.

Der Test

Gehen Sie mit Ihrem Hund an einer etwa acht bis zehn Meter langen Schleppleine über ein vollkommen unbekanntes Feld. Beobachten Sie ihn genau. Wir sprachen über die Jagdsequenz. Wo beginnt und wo endet sie bei Ihrem Hund? Reckt er bereits ab dem ersten Meter die Nase in den Wind? Wird er starr und ist er nicht mehr ansprechbar? Kann er die Übungen, die im Haus und im Garten gut funktionieren, nicht mehr ausführen? (Achtung: Das können Sie nur entscheiden, wenn er sie wirklich an vielen verschiedenen Orten bereits gut ausführen kann.) Nimmt er nach wenigen Metern bereits die ersten Fährten auf? Wenn Sie dies alles mit „Ja“ beantworten, dann haben Sie vielleicht einen Hund mit einem großen Jagdtrieb, nennen wir ihn Typ A. Haben Sie dagegen öfter „Nein“ oder „Nicht unbedingt“ gesagt (es geht wohlgemerkt bereits um die ersten Meter nach Beginn des Spaziergangs), dann liegt der Verdacht nahe, dass der Jagdtrieb Ihres Hundes durchaus nicht so extrem sein könnte, wie Sie vielleicht denken. Ihn nennen wir Typ B. Voraussetzung für diesen ersten kleinen Test ist allerdings, dass Ihr Hund bei geringen Außenreizen relativ gehorsam ist, beziehungsweise Sie seine Aufmerksamkeit leicht auf sich ziehen können. Nur wenn dies der Fall ist, dann ist der Test auch aussagekräftig. Als Nächstes suchen Sie mit dem angeleinten Hund gezielt Wild. Dies kann im Wald sein oder in einem öffentlichen Park oder in einem Wildpark. Wie reagiert er nun?

Hunde vom Typ A

Besitzen Sie einen Hund einer bestimmten Jagdhundrasse, dann sollten Sie sich mit den Eigenarten dieser Rasse vertraut machen, bevor Sie mit einem Antijagdtraining beginnen. Wenn Sie diese nicht genau kennen, haben Sie nicht nur wenig Chancen auf einen Erfolg, nein, Sie sind Ihrem Hund gegenüber auch nicht fair. Wie können Sie ihm etwas so Schwieriges beibringen, wie sich auf der Jagd kontrollieren zu lassen, wenn Sie ihn gar nicht richtig kennen? Sie müssen nun so schnell und so gut wie möglich lernen, wie er jagt. Sucht er Wild mit den Augen oder nimmt er Fährten auf? Wie sieht die Jagdsequenz der Rasse aus, die Sie haben? Sie müssen dringend lernen, diese Jagdsequenz bei Ihrem eigenen Hund zu erkennen und bei jedem Spaziergang sein Verhalten dort einzuordnen. Das heißt zum Beispiel, dass Sie bei einem Vorstehhund anhand seiner Nasenarbeit erkennen, wann er eine interessante Fährte aufgenommen hat, die ihn womöglich gleich kurz vorstehen lässt, wenn vielleicht auch nur ansatzweise. Darauf können Sie nun das Training ausrichten, indem Sie das Vorstehen besser trainieren. Denn wer vorsteht, kann nicht hetzen. Oder Sie entscheiden vielleicht, dass er noch ganz am Anfang seiner Jagd ist, und können ihn ablenken.

Einem Retriever dagegen sollten Sie vor allem ein geordnetes Apportieren beibringen und ihn seine Jagdersatzbeute (am besten Dummys) häufig und lange tragen lassen. Denn wer bereits Beute hat, muss keine mehr machen. Auf diese Weise müssen Sie sich dringend mit dem für Ihren Hund typischen Jagdverhalten auseinandersetzen. Nutzen Sie hierfür Rassebücher, das Internet, befragen Sie Hundetrainer und Jäger, die diese Rasse führen.

Die gleichen Überlegungen gelten für Hütehunde. Ihr Jagdtrieb ist eigentlich ein Hütetrieb, der ursprünglich aus dem Jagdtrieb herausgezüchtet wurde. Das eine vom anderen zu trennen ist nicht immer

Der Jack Russell Terrier, ein Jagdhund

Der Border Collie, ein Hütehund

Der Husky, ein nordischer Schlittenhund

Grey in rasendem Tempo: Hier lebt er seinen Bewegungstrieb aus.

einfach, auch nicht immer möglich. Tatsächlich werden Sie auch bei ihnen kein erfolgreiches Antijagdtraining erreichen, wenn Sie den Trieb nicht auslasten. Wie auch immer: Ein Hütehund mit einem solchen Problem muss hüten oder eine Hüteersatzbeschäftigung bekommen.

Nun sehen wir uns einmal das Jagdverhalten Ihres Hundes an. Selbst wenn er keiner Jagd- oder Hütehundrasse zuzuordnen ist, sollten Sie seine Jagdsequenz genau studieren. Denn auch Huskys oder Vertreter der einen oder anderen bekannterweise jagdtriebigen Rasse, ja sogar Mischlinge haben ihren eigenen Stil und eine festgelegte Jagdsequenz. Wie jagt Ihr Hund? Ist er Sichtjäger? Jagt er mit hoher oder tiefer Nase? Verfolgt er Spuren oder gönnt er sich – falls er nicht sofort welche findet – eine große freie Verlorensuche? Selektiert er offensichtlich Spuren in alte (die er nur langsam und ein wenig gelangweilt verfolgt) und frische (er schießt ab wie Schmidts Katze)?

Hunde vom Typ B

Vielleicht gehört Ihr Hund aber auch zu Typ B. Wäre das nicht ein Trost? Er schnüffelt hier ein wenig und dort ein wenig, die Nase ist häufig am Boden, und hier und dort saugt sie sich fest. In diesem Fall riecht er oft entweder ein Mäuschen oder nur die Markierung eines anderen Hundes. Manche Hunde ziehen auch große Kreise, wenn sie abgeleint werden, und kommen dann irgendwann wieder – falls sie nichts Jagdbares finden. Offensichtlich rennen sie erst einmal um des Rennens willen. Machen sie einen Hasen hoch, ist das eine willkommene Abwechslung und sie rennen hinterher. Wenn nicht, sind sie bald wieder da. Hier ist häufig kein Jagdtrieb, sondern ein großer Bewegungstrieb die Ursache. Die Gefahr liegt trotzdem im aufscheuchen von Wild. Diesem Bewegungsreiz kann kein untrainierter Hund widerstehen. Mit Jagdtrieb hat dies oft wenig zu tun.

Was also tun? Beobachten Sie Ihren Hund genau, und befragen Sie den besten Trainer der Welt: Ihren gesunden Menschenverstand. Wenn Sie sich nicht ganz sicher sind, ob Ihr Hund Jagdtrieb oder Ungehorsamkeit und Unausgelastetheit zeigt, präsentieren Sie ihm geringe geruchliche Reize und Bewegungsreize mit Wild, jedoch unter Kontrolle. Reagiert er wenig bis gar nicht, dann gehört Ihr Hund wahrscheinlich eher zum Typ B. Herzlichen Glückwunsch! Lassen Sie uns gemeinsam freuen. Sie haben ab sofort nur halb so viel Arbeit, wie Sie vielleicht dachten. Trotzdem sollten auch Sie gemeinsam mit Ihrem Hund die drei Säulen aufbauen, damit von nun an Ihr Leben ohne Stress und ungewollte Jagderlebnisse abläuft.

Die erste Säule: Bindung und Vertrauen

Wenn wir einen Welpen bekommen, wissen wir, dass wir daran arbeiten müssen, sein Vertrauen zu bekommen, und dass er eine gute Bindung zu uns aufbauen muss. Beides ist nicht allzu schwer für Welpen, denn sie binden sich gern. Fast immer ist im Welpenalter für uns die Welt noch in Ordnung.

Wird der Hund älter und durchlebt die Pubertät, sieht die Sache meist ganz anders aus. Es macht nicht nur den Anschein, nein, es ist tatsächlich so, dass er eigentlich niemanden braucht. Zumindest braucht er niemanden, der ihm ein Klotz am Bein ist, für den er mitdenken muss und der ihn daran hindert, seine angeborenen Triebe und Verhaltensweisen auszuleben. Er braucht auch niemanden, der ihn sowieso nicht versteht, und er braucht niemanden, der definitiv andere Hobbys hat. Und jemanden, dessen Vorstellung von einer intakten sozialen Partnerschaft seiner Vorstellung nicht entspricht, den braucht ein pubertierender und später erwachsener Hund auch nicht. Auf Deutsch: Sind wir so wie beschrieben, sind wir für unseren Hund zumindest uninteressant, wenn nicht sogar überflüssig.

Manche Hundebesitzer finden das alles gar nicht so schlimm, ich aber finde, dies ist eine Katastrophe und der Beginn aller möglichen Probleme, auch eines Jagdproblems. Dabei ist es gar nicht schwierig, dieses zu verhindern. Schauen wir uns an, wie wir die Bindung zu unserem Hund verbessern können.

Wie fördern wir eine gute Bindung? Hier sind einige Tipps:

- Nehmen Sie Ihren Hund so oft wie möglich mit.
- Spielen Sie regelmäßig mit ihm. Streicheln und Kontaktliegen sind wichtig.
- Der Hund schläft im Haus, besser noch im Schlafzimmer.
- Sprechen Sie mit ihm im freundlichen Tonfall und vor allem leise.
- Seien Sie konsequent, wenn Sie ihm einmal etwas erlaubt oder verboten haben. Dies muss dann immer erlaubt oder verboten bleiben. Damit zeigen Sie Ihrem Hund, dass Sie verlässlich sind.
- Machen Sie aus Spaziergängen Abenteuerspaziergänge: Spielen Sie Verstecken, balancieren Sie auf Baumstämmen, buddeln Sie gemeinsam nach Mäusen.
- Alle Aufgaben, die Sie ihm stellen, sollte er gut bewältigen können.
- Seien Sie nicht launisch. Egal was passiert, bleiben Sie ruhig und überlegen.
- Möglichst alles, was er lernt, sollte er durch positive Bestärkung lernen. Loben Sie ihn deutlich, wenn er etwas gut gemacht hat, so deutlich, dass er es auch versteht.

Vertrauen heißt auch Teilen

Wie in einer Menschenfamilie, so teilen auch Rudelmitglieder viele Dinge wie Nahrung, Schlafplatz oder Verantwortung. Zeigen Sie Ihrem Hund, dass Sie mit ihm teilen und dass Sie im Umkehrschluss darauf bestehen, dass auch er seiner sozialen Verantwortung nachkommt, mit Ihnen zu teilen. Er sollte Sie an seinen Napf lassen ohne zu knurren, er sollte Ihnen seinen Knochen überlassen, wenn Sie ihn haben möchten, und er sollte Ihnen sein Spielzeug geben, wenn Sie es gern hätten. Andererseits geben Sie ihm mit einer deutlichen Geste sein Futter, „schenken" Sie ihm mit freundlichen Worten ein Spielzeug, und machen Sie auch aus der Knochenübergabe eine kleine Zeremonie. Es ist nicht selbstverständlich, dass Ihr Hund Ihnen alles überlässt, wenn er es gerade hat. Zeigen Sie ihm aber auch, dass es nicht selbstverständlich ist, dass Sie es ihm überlassen.

Ob man solche kleinen Übungen immer mit einem Kommando wie „Sitz" verbinden sollte, hängt ganz vom Hund ab. Habe ich einen kleinen „Mirgehörtsowiesoalles", dann sage ich: „Mir auch. Und nichts im Leben ist gratis. Sitz." Danach bekommt er seinen Knochen. Viele Hunde sind aber gar nicht so. Sie freuen sich einfach auf das, was man gerade in der Hand hat, und es reicht, wenn man sie animiert, ganz nah heranzukommen, um sich das Geschenk abzuholen. Bleiben Sie ganz ruhig am Boden sitzen, zappeln Sie nicht herum und sprechen Sie ihn leise an. Wenn Sie es auf diese Weise schaffen, dass er nicht sofort mit seinem Geschenk abhaut, sondern gern in Ihrer unmittelbaren Nähe bleibt … dann haben Sie die Sicherheit, dass Ihr Hund Ihnen vertraut.

Aufmerksamkeitstraining

Selbstverständlich können Sie mit jedem reden, egal ob er Ihnen zuhört oder nicht. Wenn Sie jedoch etwas von jemandem möchten, dann werden Sie es nicht bekommen,

Auch Wasserspiele mit Spaß fördern die Bindung

wenn er Ihnen nicht zuhört. Wenn Ihr Hund Ihnen nicht zuhört, wird er nie das machen, was Sie gern hätten. Im günstigsten Fall wird er nichts lernen, im ungünstigsten das Gegenteil dessen, was er lernen soll.

Das Wichtigste, das wir zu Beginn brauchen, ist also die Aufmerksamkeit unseres zukünftigen Nichtjägers. Nur ein überlegenes Familienoberhaupt, ein Chef, Rudelführer, oder wie man es auch gerne nennt, wird ständig beobachtet. Außerdem ist es auch eine Angewohnheit, aufmerksam zu sein; vor allem – das wird oft vergessen – die Fähigkeit, sich über einen längeren Zeitraum und mit großer Ablenkung überhaupt konzentrieren zu können … egal worauf.

Eine gute Idee ist es, den Hund einige Zeit lang aus der Hand zu füttern. Dies stärkt zudem enorm die Bindung. Geben Sie die einzelnen Futterstückchen immer von oben, sodass Ihr Hund Sie ansieht, wenn er sie nimmt. Sagen Sie nichts, versuchen Sie nur ruhigen Blickkontakt zu Ihrem Hund herzustellen.

Eine weitere, sehr gute Übung ist die folgende: Stellen Sie sich frontal vor Ihren Hund, sehen Sie ihn an, in jeder Hand ein Leckerchen, beide Hände halten Sie vor Ihrer Brust zu Fäusten geformt. Sagen Sie nichts. Sieht Ihr Hund Sie an (Ihr Gesicht, nicht die Leckerchen), bekommt er wortlos sofort ein Leckerchen aus Ihrer Hand. Hat Ihr Hund verstanden, wie es funktioniert, zeigen Sie ihm wieder, dass Sie

Stellen Sie sich frontal vor Ihren Hund, sehen Sie ihn an, in jeder Hand ein Leckerchen, beide Hände halten Sie vor Ihrer Brust zu Fäusten geformt.

Leckerchen in jeder Hand haben, und halten beide Arme seitlich gespreizt. Schnell wird Ihr Hund ausprobieren, ob er auch diesmal wieder ein Leckerchen bekommt, wenn er Ihnen ins Gesicht schaut – und genau das bekommt er. Geben Sie es ihm auch diesmal schnell und wortlos. Verlängern Sie die Zeit des Anschauens nach und nach. Wenn Sie möchten, können Sie nach einigen Tagen ein Signalwort wie „Schau"

Hat Ihr Hund verstanden, wie es funktioniert, zeigen Sie ihm wieder, dass Sie Leckerchen in jeder Hand haben und halten beide Arme seitlich gespreizt.

einbauen, das Sie anfangs immer in dem Augenblick sagen, wenn er Sie ansieht. Dies wird er dann später auf Kommando machen. Zu Beginn soll er aber lernen, Sie ständig ohne Kommando anzublicken.

Von nun an können Sie die unterschiedlichsten Ablenkungen einbauen. Trainieren Sie Blickkontakt in allen möglichen Situationen: auf Spaziergängen, wenn andere Hunde in der Nähe sind, wenn Ihr

Hund etwas Interessantes sieht oder hört. Besuchen Sie einen Park oder ein Wildgehege und machen Sie auch dort die Schau-Übung in Anwesenheit von Enten, Vögeln und anderen Tieren.

Lassen Sie ihn am besten selbst herausfinden, dass er immer dann abgeleint wird, immer dann aus dem Auto springen darf, immer dann sein Spielzeug von Ihnen bekommt, wenn er Sie anschaut, nichts anderes und niemand anderen. Die Tatsache, dass er sich freiwillig und von sich aus Ihr Einverständnis holt, wird Ihnen später im Antijagdtraining gute Dienste leisten. Erziehen Sie sich keinen Untergebenen, sondern einen teamfähigen Juniorpartner.

Eine sehr wichtige Übung ist das Aufmerksamkeitstraining an der Schleppleine. Wenn Sie mit der Schleppleine arbeiten, sollten Sie sie nie dazu benutzen, um auf den Hund einzuwirken. Sie ist nur eine Hilfe, damit Ihr Hund nicht fortlaufen kann. Ziehen oder zerren Sie also nie an ihr herum, sondern teilen Sie ihm durch Kommandos mit, was er machen soll. Sie sollten dem Hund ein Brustgeschirr anlegen, um seinen Hals zu schonen. Halten Sie die Leine am Ende fest und gehen Sie gleichzeitig mit dem Hund los. Überholt er Sie, drehen Sie sich augenblicklich um 180 Grad und gehen in die entgegengesetzte Richtung. Laufen Sie gleichmäßig und ignorant weiter. Irgendwann ist die Leine zu Ende, Ihr Hund läuft hinein und wird sich umdrehen, um Ihnen zu folgen. Läuft er nun ignorant wieder an Ihnen vorbei,

Gehen Sie mit dem Hund los.

Überholt er Sie, drehen Sie sich augenblicklich um 180 Grad und gehen zügig weiter.

drehen auch Sie sich wiederum sofort um und gehen in die entgegengesetzte Richtung. Dies wiederholen Sie so lange, bis Ihr Hund Sie ansieht, wenn er Sie wieder eingeholt hat. Warten Sie nicht darauf, dass er neben Ihnen läuft, sondern belohnen Sie ihn augenblicklich mit einem Leckerchen, sobald er Sie nur ansieht. Auch hier sollten Sie unbedingt Ihren sekundären Bestärker, also den Clicker oder das Belohnungswort, anwenden. Sie werden feststellen, dass nach wenigen Wiederholungen Ihr Hund sofort bemerkt, dass Sie die Richtung wechseln, wenn er an Ihnen vorbeiläuft. Belohnen Sie im Folgenden nicht mehr nur den Blick, sondern lassen Sie ihn immer länger neben sich laufen, ehe Sie ihn belohnen. Dieses Leinenführtraining sollten Sie täglich machen. Beginnen Sie auf jeden Fall mit leichtester Ablenkung, damit Ihr Hund erst einmal versteht, worum es geht. Eine gute Idee ist es, auf einer (nicht oder kaum befahrenen) Straße zu beginnen. Später kann man ein Feld wählen und dort kreuz und quer, hin und her gehen.

Hausordnung

Ganz grob können wir Hundehalter in zwei Kategorien einteilen. Die einen leiden ständig unter der Angst, ihr Hund wollte nach der Weltherrschaft greifen und müsste daher regelmäßig in der Rangordnung herabgestuft werden. Die anderen bedienen den ganzen Tag einen kleinen Prinzen oder eine Prinzessin und wundern sich, dass

Freuen Sie sich deutlich, wenn Ihr Hund die Wendung mitmacht und belohnen Sie ihn anfangs. Auch im fortgeschrittenen Ausbildungsstadium sollten Sie ihn mit freundlicher Aufmerksamkeit belohnen, wenn er freudig an Ihrer Seite erscheint.

Hausordnung

- Lassen Sie sich von Ihrem Hund zu nichts auffordern.
- Schauen Sie ihn nicht ständig an, sondern ignorieren Sie ihn auch mal für einige Stunden.
- Erklären Sie einen Raum im Haus zur Tabuzone, die er nicht betreten darf.
- Laufen Sie Ihrem Hund nie nach. Rufen Sie ihn stattdessen.
- Der Hund darf ohne Ihre Erlaubnis nicht auf erhöhte Plätze, unerzogene Hunde sollten vorübergehend überhaupt nicht dorthin, vor allem nicht ins Bett.
- Beginnen und beenden Sie selbst Spiele und Körperkontakt. Warten Sie nicht, bis Ihr Hund genug davon hat.
- Geben Sie ihm Spielzeuge, wenn Sie es für richtig halten, und nehmen Sie ihm diese auch wieder ab.
- Lassen Sie ihn „Sitz" oder „Platz" machen, bevor er seine Mahlzeit bekommt.
- Bestehen Sie darauf, dass Sie zuerst durch Türen oder enge Durchgänge gehen.
- Ignorieren Sie Ihren Hund in den ersten Minuten nach Ihrem Zurückkommen.
- Lassen Sie nicht zu, dass er sich auf Spaziergängen zu weit entfernt. Zehn Meter sind eine gute Grenze, je nach Hund auch weniger.
- Kennen Sie das NILIG-System? Nichts Im Leben Ist Gratis.
- Wenn er etwas haben möchte, muss er etwas dafür machen, und sei es, Sie anzusehen. Vor allem Leckerchen sollten Sie nie fürs Nichtstun geben.

dieser oder diese sich auch so benimmt. Beides ist dem Hund gegenüber sehr unfair und vereitelt jeglichen Erfolg im Antijagdtraining.

Dieses Thema ist ganz eng verwandt mit der Geschichte mit dem Rudel. Letztendlich geht es sowohl im Rudel als auch in der Familie darum, dass jeder sich an Regeln halten muss, sonst gibt es Stress und Ärger. Scheuen Sie sich nicht, dauerhaft gültige Regeln in Ihrem Haushalt aufzustellen, an die sich Ihr Hund halten muss und die Sie konsequent durchsetzen. Es gibt einige bekannte Regeln, die einem Hund zeigen sollen, dass der Mensch der Chef ist, und er selbst?... ist es nicht. Jedoch nicht, weil der Chef zuerst durch die Tür geht oder auf erhöhten Plätzen sitzt (wie es jahrzehntelang vermutet wurde), sondern deshalb, weil der Chef Regeln aufstellt, an die sich die anderen zu halten haben, egal ob sie sinnvoll sind oder nicht. Leider versteht es unser Hund nicht, wenn wir ihm sagen: „Du, pass mal auf – hast du wahrscheinlich schon gemerkt –, ich sag, was gemacht wird, und du machst es dann." Wir müssen ihm stattdessen anhand von Symbolen zeigen, dass er nicht machen kann, was er will.

Bitte sehen Sie unter diesem Aspekt die nebenstehenden Vorschläge. Bestimmt fällt es Ihnen dann auch leichter, den einen oder anderen Tipp anzunehmen. Ganz sicher können Sie eine Menge dieser Regeln fallen lassen, wenn Ihr Hund gehorsam ist.

Kommunikation und Teambildung

Sind Sie teamfähig? Sie erwarten von Ihrem Hund, dass er es ist, also müssen Sie es auch sein. In jedem guten Mensch-Hund-Team sollte es einen Juniorpartner (Ihren Hund) und einen Seniorpartner (Sie) geben. Der Seniorpartner ist der Erfahrene und Ruhigere, der die Übersicht behält, weil er schon lange genug im Geschäft ist. Der Juniorpartner hat auch etwas zu sagen, und zwar genau immer dann, wenn der

Die Übung „Platz“ gehört zu den wichtigsten Gehorsamkeitsübungen.

Seniorpartner ihm großzügig die Entscheidung überlässt. Dazu muss dieser seinem Juniorpartner aber auch eindeutig und unmissverständlich mitteilen, wann er entscheidet und wann nicht. Seien Sie also knapp und deutlich in Ihren Anweisungen. Loben Sie mit heller Stimme, strafen und warnen Sie mit tiefer, knurrender Stimme. Werden Sie dabei nicht laut.

Um mit Ihrem Hund kommunizieren zu können, sollten Sie die Sprache Ihres Hundes beherrschen und ihm Ihre eigene beibringen. Sie sollten ihn „lesen“ und zeitgleich darauf reagieren, was er macht, besser noch, was er vorhat. Zeitgleich heißt, dass Sie ein gutes Timing haben müssen. Sonst versteht er Sie nicht.

Kommunikation heißt aber auch, dass Sie seine Bedürfnisse verstehen und unterscheiden lernen, welche Sie ihm verbieten können und welche Sie befriedigen müssen. Daher ist es so wichtig, dass Sie selbst herausfinden, ob Ihr Hund jagdtriebig ist oder nur ungehorsam und gelangweilt.

Trainieren Sie fair. Beginnen Sie im Training mit einfachen Aufgaben, und versuchen Sie vorherzusehen, was er als Nächstes tun wird. Helfen Sie ihm, Fehler zu vermeiden, indem Sie die Aufgaben für ihn so gestalten, dass er sie lösen kann. Beginnen Sie zum Beispiel bei den leichtesten Übungen zur Standruhe mit einem langsam abgelegten Spielzeug, ehe Sie nach mehreren weiteren Schritten zur Reizangel oder einem Hasenfell mit Hasengeruch kommen. Macht Ihr Hund einen Fehler, dann korrigieren Sie ihn sofort und deutlich, dass er versteht, was falsch war. Hervorragende Möglichkeiten, ein gutes Team zu werden, bieten verschiedene Sportarten wie Agility oder Apportiertraining, die gleichzeitig auch eine Auslastung des Bewegungs- und Jagdtriebs darstellen. Hier müssen Aufgaben gemeinsam bewältigt werden, Aufgaben, die beiden Spaß machen und deren Bewältigung vor allem beim Hund durch Hormonausstöße eine ebensolche selbst belohnende Wirkung haben wie das Jagen.

Eine gute Idee ist es auch, gemeinsam Abenteuer zu bestehen. Da wäre zum Beispiel die Möglichkeit, Spaziergänge mit dem Hund in schwierigem Gelände zu meistern. Hier müssen sich beide anstrengen und aufeinander achten. Wenn Sie in diesem schwierigen Gelände auch noch Such- und Apportierspiele machen, werden Sie sehr schnell feststellen, wie sehr Sie in den Augen Ihres Hundes an Wert gewinnen. Bestimmt fallen Ihnen noch ganz andere Dinge ein, die Ihrem Hund gefallen könnten. Denken Sie nach und bringen Sie ihn damit auf andere Gedanken.

Die zweite Säule: Gehorsamkeit und Standruhe

Mit diesem Wissen, den Vorüberlegungen und mit einem Hund, der seinen Platz kennt und der eine gute Bindung hat, gehen wir endlich den Rest des Problems an. Ja, ja, wundern Sie sich nur. Wenn Sie bis jetzt im Zusammenleben mit Ihrem Hund alles eingerichtet haben, was Sie bisher gelesen haben, dann haben Sie so große Fortschritte in Richtung eines kontrollierbaren Hundes gemacht, dass das Gehorsamkeitstraining nur ein weiterer Schritt ist.

Sollte Ihr Hund sowohl im Training als auch im Alltag nicht das machen, was Sie gerade möchten und wann Sie es möchten, müssen Sie unbedingt konsequent sein und Ihren Wunsch umsetzen. In den seltensten Fällen bedarf es einer Härte. Fast immer führt hartnäckiges Bestehen zum Ziel. Manche Hunde sind jedoch sturer, als ein Mensch je sein kann. Dann lassen Sie den Hund ganz kurz etwas anderes machen und starten einen neuen Versuch. Lassen Sie ihn aber aus der jeweiligen Situation nicht heraus. Dann hätte er gewonnen, und das können Sie sich nicht leisten.

Trotzdem wird es an dieser Stelle ernst. Denn das, was man im Allgemeinen unter einem Antijagdtraining versteht, das steht

Danny liebt es, auch auf Spaziergängen Apportieraufgaben zu meistern.

Ihnen nun bevor. Falls Sie es nicht schon getan haben, verabschieden Sie sich bitte jetzt und hier von dem Gedanken, Ihr Hund müsste so gehorsam sein wie andere Hunde. Nein, das muss er nicht. Er muss viel gehorsamer sein. Sie müssen sich hundertprozentig auf ihn verlassen können. Denn ein durchschnittlicher Gehorsam ist für einen jagdtriebigen Hund zu wenig.

Planung einer Trainingseinheit:

Bitte trainieren Sie nie ins Blaue hinein. Planen Sie ein Antijagdtraining sorgfältig.
Trainingseinheiten sollten aufeinander aufbauen. Wiederholen Sie zu Beginn eines Trainings die Übungen vom letzten Mal, kontrollieren Sie, ob Ihr Hund sie beherrscht; dann variieren Sie diese Übung und gehen zum nächsten Schwierigkeitsgrad über. Und wann genau beginnt das Training? Natürlich wenn Sie das Haus oder das Auto verlassen. Dies ist der Augenblick, ab dem sich Ihr Hund benehmen muss und ab dem Sie ihn kontrollieren müssen. Denken Sie daran: Egal wie es andere Leute mit ihren Hunden handhaben – Sie möchten einen Hund, der am Wild kontrollierbar ist. Bevor Sie dies schaffen, muss er sich erst einmal in allen anderen Situationen kontrollieren lassen.

Folgende Überlegungen sind wichtig:

- Wann trainiere ich? (Tageszeit, Verkehrsaufkommen, Ablenkungen)
- Wo trainiere ich? (Im Haus, im Garten, auf der Straße, im Wald, im Feld, in der Stadt)
- Was trainiere ich? (ein Drittel Aufmerksamkeit und Bindung, ein Drittel Gehorsamkeit, ein Drittel Triebauslastung und Beschäftigung, Übungen je nach Ausbildungsstand)
- Welche Hilfsmittel benötige ich? (Andere Menschen, andere Hunde, Ausrüstung)

Für jeden jagenden Hund ein Muss: „Sitz“, „Platz“, „Fuß“

Allein mit diesem Thema sind ganze Bücher gefüllt. Leider sprengt die detaillierte Beschreibung eines kompletten Aufbaus von Anfang an hier den Rahmen. Im Anhang empfehle ich gute Bücher, die Ihnen weiterhelfen.

Die Grundkommandos, die Sie für ein sinnvolles Antijagdtraining brauchen, sind „Sitz“, „Platz“, „Fuß“, „Komm“ und „Nein“.

Jedes Zeichen sollte in drei Schritten trainiert werden. Erstens: Stellen Sie sicher, dass der Hund das Kommando als Vokabel lernt, indem Sie ihn nun in die richtige Position locken (am besten mit Leckerchen) und zeitgleich das Wort hinzufügen. Zweitens: Wenn er das Kommando zuverlässig ausführt, belohnen Sie variabel. Drittens: Trainieren Sie unter zunehmender Ablenkung und in vielen verschiedenen Situationen.

Trainieren Sie am besten von Anfang an „Sitz“ als sitzen bleiben und „Platz“ als im Platz bleiben. Dies funktioniert sehr gut mit einem Auflösewort. Suchen Sie sich ein Wort aus, das Sie möglichst selten im Alltag benutzen und das Ihrem Hund ab sofort mitteilt: „Jetzt kannst du gehen.“ Dies könnte sein: „Frei“, „Okay“, „Lauf“ oder etwas Ähnliches. Trainieren Sie anfangs mit Sichtzeichen, weil Hunde sie schneller erlernen als Worte. Hier liegt gleichzeitig auch eine Falle. Viele Menschen trainieren ihre Hunde fast ausschließlich mit Sichtzeichen. Für das Antijagdtraining müssen Sie jedoch sichergehen, dass Ihr Hund auch das Wortzeichen ausgezeichnet beherrscht, denn oft schaut er in eine ganz andere Richtung, fixiert womöglich bereits, wenn Sie ihn in letzter Sekunde ins „Sitz“ oder „Platz“ bringen müssen. Kontrollieren Sie also nach einiger Zeit unbedingt, ob Ihr Hund auch allein auf das Wortzeichen hört.

Egal ob Sie Kurse in einer Hundeschule besuchen oder Ihrem Hund im Heimstudium den Grundgehorsam beibringen:

Saluki Othello zeigt auch unter Ablenkung Gelassenheit

Nicht vergessen: Trainieren Sie auch an Orten wie einem öffentlichen Park. Lassen Sie Ihren Hund aber angeleint, wenn es dort vorgeschrieben ist (Foto: Nau)

Trainieren Sie möglichst täglich, aber nur wenige Minuten. Trainieren Sie an vielen verschiedenen Orten und in vielen verschiedenen Situationen. Beginnen Sie mit kleinen Ablenkungen und steigern Sie diese nach und nach systematisch. Eine gute Trainingsabfolge wäre zum Beispiel diese:

Der Hund sitzt oder liegt …

1. … zu Beginn kurz – Sie bewegen sich nicht – Auflösewort
2. … einige Sekunden – Sie bewegen sich – zum Hund zurückgehen –
3. … Auflösewort
   Sie bewegen sich weiter weg – zum
4. … Hund zurückgehen – Auflösewort
   einige Sekunden – Sie gehen außer Sicht – zum Hund zurückgehen– Auflösewort
5. … einige Minuten – Sie gehen außer Sicht – zum Hund zurückgehen – Auflösewort
6. … Sie werfen nicht rollendes Spielzeug – Belohnung, wenn er Sie anschaut
7. … Sie werfen Bälle – Belohnung, wenn er Sie anschaut
8. … Hunde und Menschen gehen vorbei – Belohnung, wenn er Sie anschaut
9. … Hasenfell oder Dummy mit Wildgeruch wird vorbeigezogen –Belohnung, wenn er Sie anschaut
10. … in freier Natur – Wildgerüche oder Wild sind anwesend – Belohnung, wenn er Sie anschaut
11. … alle Übungen mit Bewegungen, wenn Sie nicht neben dem Hund stehen, sondern weiter entfernt sind

Ähnlich sollten Sie den Aufbau der Fußübungen planen. Damit meine ich das korrekte „Fuß" unter absoluter Kontrolle; häufiges Hochschauen; Setzen, sobald Sie stehen bleiben.

„Komm"

Möchte man seinen Hund jemals am Wild kontrollieren, dann heißt „Komm" (oder „Hier") nicht irgendwann oder vielleicht oder gleich. Es heißt: jetzt und sofort! Das hört sich streng an, und so ist es auch gemeint. Der Weg dorthin ist aber trotzdem über weite Strecken ausschließlich positiv, wenn auch deutlich und konsequent. Parallel zum Rufen mit der Stimme empfehle ich dringend den Einsatz einer Pfeife.

Zunächst jedoch muss das Wort „Komm" von Grund auf trainiert werden. Dazu nutzen wir wieder unsere drei Trainingsschritte. Selbst wenn Sie einen bereits älteren Hund haben, von dem Sie denken, dass dieser es weiß, gehen Sie noch einmal zu diesem Schritt zurück. Hört er generell ohnehin nicht auf „Komm", dann trainieren Sie mit einem anderen Wort wie „Hier". Auf diese Weise starten Sie einen Neuanfang.

Zeigen Sie Ihrem Hund zuerst, was „Komm" bedeutet, indem ein Helfer Ihren Hund zunächst einmal im Haus am Halsband festhält (ausnahmsweise – ansonsten bitte möglichst nie den Hund am Halsband festhalten!) und Sie ihn rufen. Gehen Sie dabei in die Hocke und halten Sie ein Leckerchen bereit. Wichtig: Während er auf Sie zustürzt, müssen Sie in der Lernphase häufiger „Komm!" rufen. Denken Sie an das Timing: Ein Hund verknüpft das, was gleichzeitig passiert. Geben Sie ihm kein zweites Kommando wie „Sitz", wenn er Sie erreicht, sondern belohnen Sie ihn sofort. Ein hungriger Hund und das beste Leckerchen sind dabei gute Voraussetzungen. Kommt Ihr Hund nun in ablenkungsfreien Situationen immer und freudig (wichtig!), dann erhöhen Sie die Ablenkungen und trainieren in möglichst vielen Situationen. Rufen Sie anfangs auch auf Spaziergängen (auf denen Ihr Hund an einer Schleppleine geht!) Ihren Hund nur dann, wenn Sie sicher sind, dass er kommt. Gehen Sie auch dort anfangs in die Hocke und nehmen Sie auf jeden Fall die attraktivsten Leckerchen, die Sie finden können. Manche Hunde lieben am meisten das Spiel mit ihrem Lieblingsspielzeug. Auch das ist eine gute Idee. Dies sollte jedoch kein Ball sein, den Sie fortwerfen, damit der Hetztrieb nicht zusätzlich erhöht wird.

Besonders das Zurückkommen sollte man in jedem Fall mit einem sekundären Bestärker trainieren. Nehmen Sie einen Clicker oder Ihr Bestärkerwort und klicken oder nennen Sie das Wort, sobald sich Ihr Hund zu Ihnen umdreht. So belohnen Sie perfekt den ersten Schritt seines Gehorsams und kommen umso schneller ans Ziel.

Das Verbotswort „Nein!"

Sie werden es brauchen, das kleine Wörtchen „Nein!". Sie können auch ein anderes nehmen, aber „Nein" kommt den meisten Menschen am schnellsten über die Lippen.

Wie immer sollten Sie Ihrem Hund erst einmal die Vokabel „Nein" beibringen. Hierzu setzen Sie sich, nehmen ein Leckerchen in jede Hand, zeigen sie dem Hund und schließen sie zu Fäusten. Schnüffelt er an der ersten Hand, sagen Sie deutlich, aber ruhig „Nein". Warten Sie, bis er an der zweiten Hand schnüffelt, dann sagen Sie nett „Ja", öffnen sie sofort und geben ihm das Leckerchen. Wiederholen Sie dieses Spielchen einige Male, achten Sie aber darauf, dass – nachdem Ihr Hund verstanden hat, worum es geht – nicht jedes Mal die erste Hand „Nein", die zweite „Ja" ist. Variieren Sie die beiden Möglichkeiten.

Für die folgende Übung müssen Sie sich nun gut konzentrieren, denn Sie benötigen ein perfektes Timing. Legen Sie besonders gute Leckerchen auf einen Teller, lassen Sie

Eine Übung für Fortgeschrittene: Die Wurst macht es besonders schwierig.

den Hund Richtung Teller ziehen (ausnahmsweise!), bleiben Sie stehen, wenn er ihn fast erreicht hat, zucken Sie nicht ein bisschen an der Leine, sondern halten Sie sie starr fest (am besten Arme an den Körper anwinkeln, dann haben Sie die perfekte Kontrolle über sich). Der Hund will nun unbedingt zum Teller; sagen Sie ruhig und mit tiefer Stimme knurrend „Nein" (nicht schreien), warten Sie ab, wiederholen Sie es notfalls noch einmal, aber sobald Ihr Hund seinen Blick auch nur ein wenig abwendet vom Teller (bestenfalls könnte er sich sogar zu Ihnen umdrehen, das wäre toll!), in diesem Augenblick müssen Sie sofort umschalten auf eine helle, freundliche, piepsige Stimme und ihn sehr stark loben. Locken Sie ihn augenblicklich zu sich zurück (immer noch: auf keinen Fall ziehen!) und geben Sie ihm das beste Leckerchen der Welt. Auf diese Weise zeigen Sie ihm eine Alternativhandlung zum „Nein". Verbieten Sie ihm nie etwas, ohne ihm zu zeigen, was er denn stattdessen machen soll.

Wenn Sie jetzt keine Fehler gemacht haben, dann benötigen Sie nur wenige Wiederholungen, und Ihr Hund beachtet Ihr „Nein" bald in fast allen Situationen. Für die anstehenden Standruheübungen werden Sie dies dringend brauchen. Denken Sie nur immer an zwei Dinge: Nie mit der Leine auf den Hund einwirken, ihn immer zurücklocken vom Objekt seiner Begierde und belohnen, wenn er bei Ihnen ist. Das Ganze müssen Sie auch unbedingt ohne Leine trainieren. Sie werden sehen, wie schnell Ihr Hund auch unterwegs auf Ihr „Nein" reagiert, wenn er einen Stock aufnehmen oder einen Fahrradfahrer verfolgen will.

Auf die Pfeife konditionieren und sie einsetzen

Auf eine hervorragende Hilfe sollten wir auf keinen Fall verzichten: auf die Pfeife. Es ist klar, warum ein Hund besser auf die Pfeife reagiert als auf Zuruf: Sie klingt immer gleich, neutral und emotionslos; sie ist heller als unsere Stimme und trägt damit besser, selbst bei widrigen Gelände- oder Wetterbedingungen, und auf sie kann sehr exakt konditioniert werden. Nebenbei sind wir dem Hund gegenüber auch fairer. Denn wenn er mit seiner Nase eine Fährte oder mit seinen Augen Wild verfolgt, dann treten alle anderen Reize in den Hintergrund. Er konzentriert sich sehr stark auf die Jagd. Mit einem Pfiff können wir ihn besser erreichen als mit unserer Stimme.

Wir konditionieren ihn auf die Pfeife in zwei Schritten. Zuerst geben wir dem Hund jedes Mal ein Leckerchen (oder ein Stück seiner Mahlzeit) aus der Hand, während wir einen Doppelpfiff geben. Die Gleichzeitigkeit von Pfiff und Leckerchen ist sehr wichtig. Rufen Sie Ihren Hund danach zunächst im Haus mit dem Doppelpfiff zum Essen oder wenn Sie mit ihm spielen. Hat er verstanden, dass er auf den Pfiff hin kommen soll, dann trainieren Sie Schritt Nummer zwei. Sie rufen Ihren Hund mit freundlicher Stimme und geben mehrmals den Doppelpfiff, während er auf Sie zustürzt. Hat er Sie erreicht, pfeifen Sie nochmals und geben ihm ein Leckerchen. Zwei Dinge sind wichtig: Die Leckerchen müssen so gut sein wie selten zuvor und Sie dürfen die Ablenkungen nur langsam steigern. Erst wenn er im Haus immer kommt, dann üben Sie im Garten. Erst wenn er dort immer kommt, dann woanders, aber mit wenig Ablenkung, dann mit erhöhter Ablenkung auf Spaziergängen.

Distanzkontrolle: Meisterleistung der Gehorsamkeit

Distanzkontrolle heißt nichts anderes, als dass unser Hund kommt, wenn wir ihn rufen, und auch „Sitz" und „Platz" macht, wenn wir weit von ihm entfernt sind. Fortgeschrittene Hunde, vor allem Jagdhunde, müssen sich auch voranschicken lassen, sie müssen auf Kommando nach rechts, links und zurück laufen. Auf diese Weise werden sie dorthin geschickt, wo der Jäger geschossenes Wild vermutet und der Hund es suchen muss. Es macht Spaß, einem Hund dieses beizubringen, doch für die Kontrolle eines jagdtriebigen Hundes reicht es, wenn er zurückkommt und aus der Entfernung sich entweder ins „Sitz" oder ins „Platz" schicken lässt. Dies fällt manch einem Hund leichter, als zu seinem Menschen zurückzukommen. Entscheiden Sie sich am besten für nur eines der beiden Kommandos, das Sie dann auch sorgfältig trainieren. Hütehundbesitzer sollten auf jeden Fall das „Platz" wählen, weil Hütehunde generell durch die Zuchtselektion eher dazu neigen, ins „Platz" zu gehen als ins „Sitz". Auf diese Weise beunruhigen sie die Herde weniger. Auch viele Jäger schwören aufs „Platz", denn im Liegen sieht der Hund weniger. Allerdings trainieren sie das „Platz" als „Down", das heißt, der Hund legt auch seinen Kopf auf den Boden.

Wie trainiert man diese Kommandos auf Entfernung? Auch hier leistet uns unser Clicker oder unser Bestärkerwort gute Hilfe, denn wie könnten wir den Hund ohne sie zeitgerecht belohnen?

Checkliste für Spaziergänge:

- Lange Schleppleine (acht bis zehn Meter) zur Absicherung
- Jeden Spaziergang kurz mit Gehorsamkeitsübungen beginnen
- Keine Hetzspiele mit Bällen
- Keine Spaziergänge mit ungehorsamen oder jagdtriebigen Hunden
- Keine Gruppenspaziergänge
- Vorausschauend und konzentriert laufen
- Immer auf dem Weg bleiben, Hund zurückrufen, wenn er ihn verlässt
- Training und Spaziergänge nicht in Morgen- und Abenddämmerung, sondern in der Mittagszeit, wenn wenig Wild unterwegs ist
- Superleckerchen und Lieblingsspielzeug für Suchspiele
- Notfalls Gegenden meiden, in denen Hund Jagderfolg hatte oder sehr nervös ist

Gehen Sie anfangs schrittweise vor. Nehmen wir als Beispiel das „Sitz“ und den Clicker. Lassen Sie den Hund sich ein wenig von Ihnen entfernen und sagen dann „Sitz“. Heben Sie nun statt des einen Fingers die ganze Hand. Dieses Zeichen sieht der Hund aus weiterer Entfernung und es wird ihm anfangs helfen, sich auch dort zu setzen. Ich schlage vor, auch dieses Kommando mit der Pfeife zu trainieren. Während der Hund sich setzt, klicken Sie, dann gehen Sie zu ihm (Achtung: nie abrufen!) und geben ihm eine Belohnung. Erhöhen Sie nun Schritt für Schritt die Entfernung. Setzt er sich gut auf Wort- und Sichtzeichen, pfeifen Sie einen langen Pfiff. So lernt Ihr Hund das „Sitz“ mit dem Pfiff zu verknüpfen.

Anfangs gibt es häufig ein kleines Problem: Der Hund setzt sich nicht schnell genug. Das müssen wir dringend verbessern. Nehmen Sie hierzu ein Leckerchen in die erhobene Hand, warten Sie, bis der Hund sich setzt und werfen Sie es ihm in genau dieser Sekunde zu. Der Hund bemerkt sehr schnell, dass ein Leckerchen fliegt, sobald er sich setzt. Gehen Sie danach wieder zügig dazu über, ihm das Leckerchen zu bringen, damit er sich nicht angewöhnt, sofort nach dem Setzen wieder aufzustehen.

Trainieren Sie auch diese Übung mit zunehmender Ablenkung, und wenn Sie und Ihr Hund Spaß daran haben, bringen Sie ihm doch auch bei, sich nach rechts, links, vor- und zurückschicken zu lassen. Wenn Sie das geschafft haben – glauben Sie mir –, dann sind Sie ein tolles Team und Ihr Hund wird sich wie ein guter Jagdgefährte lenken lassen. Genau das brauchen Sie doch, nicht wahr?

Fortgeschrittene Übungen für die Standruhe

So lautet unser eigentliches Ziel. Kontrollierbarkeit am Wild heißt: das Aufnehmen einer Fährte sofort abzubrechen und keinem Wild hinterherzulaufen, wenn wir es verlangen. Ein großer Schritt in Richtung dieses Ziels ist mit einigen Vorkehrungen gemacht.

Zunächst sollten Sie Ihren Hund im normalen Gehorsamkeitstraining grundsätzlich nicht aus dem „Sitz“ oder „Platz“ abrufen. Diese Kommandos müssen für ihn immer so lange gelten, bis Sie bei ihm sind. So bekommt er erst gar nicht die Erwartungshaltung, dass er loslaufen könnte, ehe Sie neben ihm stehen.

Der zweite wichtige Schritt ist ständiges Üben, damit er lernt, nicht ohne nachzudenken seinen Reflexen nachzugeben. Hunde sind Bewegungsseher, und daher braucht es nur einer kleinen Bewegung, damit sie hinterherlaufen. Im Kapitel über die Grundkommandos sprachen wir bereits über Übungen für die Standruhe. Machen Sie sie regelmäßig, damit Ihr Hund lernt, nicht jedem und allem nachzulaufen.

Nehmen wir wieder unser Beispiel „Sitz“. „Sitz“ müssen Sie ab sofort so sorgfältig trainieren, dass Ihr Hund es bald reflexartig ausübt. Ihr Hund muss wissen: Wenn sich im Training etwas bewegt, egal was es ist, heißt es: „Sitz!“ Will Ihr Hund trotzdem hinterher, können Sie nun – nach einem gut trainierten „Nein“ – auch „Nein“ sagen. Nach dem „Nein“ muss allerdings sofort auch wieder Ihr Kommando „Sitz“ kommen. Denken Sie daran, dass Sie Ihrem Hund nur etwas verbieten, wenn Sie ihm hinterher auch sagen, was er denn stattdessen machen soll.

Unkontrollierte Ballspiele sollten Sie vermeiden. Binden Sie sie immer in Gehorsamkeitsübungen ein. Also: Sie werfen einen Ball, Ihr Hund muss sitzen bleiben, Sie sagen „Lauf“ oder „Apport“, und er darf entweder mit ihm spielen oder ihn apportieren. Wenn Sie jetzt sagen: Das ist aber gemein, da hat mein Hund ja gar keinen Spaß mehr – dann könnten Sie recht haben. Zumindest vorübergehend sinkt der Spaßfaktor. Das macht aber nichts. Ballspiele sind für Hunde Jagdspiele, die Spaß machen, jedoch in unserem Fall verboten sind. Keine Sorge, der Spaß kommt zurück, wenn er merkt, dass er ja trotzdem den Ball jagen darf, dies jedoch ab sofort nur noch dann, wenn Sie es ihm sagen.

Ein Höhepunkt des Standruhetrainings ist das Training mit der Reizangel. Sie besteht aus einem langen Stab; am besten benutzt man eine einfache und preiswerte, aber echte Angel. Befestigen Sie an der Angel eine dünne Schnur, an die Sie mit steigender Gehorsamkeit Ihres Hundes zunächst ein helles Tuch, dann ein Spielzeug und schließlich ein Hasenfell oder einen Entenflügel befestigen.

Geben Sie Ihrem Hund das Kommando „Sitz“ oder „Platz“, je nachdem, für welches Sie sich ganz zu Beginn Ihres Trainings als verstärkt trainiertes Kommando entschieden haben. Dann bewegen Sie die Angel vorsichtig. Ihr Hund muss sitzen bleiben. Erinnern Sie ihn anfangs ruhig daran. Nach und nach bewegen Sie die Angel immer heftiger. Belohnen Sie ihn zwischendurch immer wieder fürs Sitzenbleiben. Haben Sie einen Hund, der gern apportiert, lassen Sie ihn zur Belohnung in fortgeschrittenem Trainingsstand (aber erst dann!) ruhig auch apportieren.

Gehört Ihr Hund einer Vorstehrasse an, können Sie mithilfe der Reizangel das Vorstehen trainieren, damit hiermit seine Jagdsequenz unterbrochen wird. Hierzu sollten Sie sich aber an einen Trainer wenden, damit Sie keine Fehler machen, die Ihr Jagdproblem verstärken könnten.

Unterbrechungsreiz

Wir können einen Hund unmöglich auf den Status einer Eingabe-Ausgabe-Maschine reduzieren, die man nur sauber konditionieren muss, damit sie funktioniert. Hunde sind soziale Lebewesen, schlaue Mitbewohner mit Gefühlen, Wünschen und Trieben. Dies hindert sie manchmal daran, gehorsam zu sein. Vor allem Triebe wie der Jagdtrieb erschaffen starke Reize. Wirken die Reize stärker auf den Hund als die Belohnung, die er erwarten kann, bricht die Konditionierung immer zusammen, egal wie sorgfältig sie aufgebaut wurde.

Hier trennt sich die Spreu vom Weizen in Bezug auf Jagdtriebigkeit: Hunde mit geringem oder durchschnittlichem Jagdtrieb sind häufig ausschließlich mit positiver Bestärkung in der Gehorsamkeitserziehung und mit Beschäftigung kontrollierbar;

Bitte spielen Sie nur kontrolliert mit dem Ball und heizen Sie den Hund auch nicht zu sehr auf.

Erster Schritt beim Training mit der Reizangel kann zum Beispiel die Arbeit mit einem Tuch sein.

Zweiter Schritt: Nehmen Sie ein Spielzeug, das sich gut an der Reizangel befestigen lässt.

chten Sie aber unbedingt darauf, dass der Hund das Spielzeug nicht zu fassen bekommt.

Letzter Schritt: das Hasenfell oder der Entenflügel. Das ist nicht zu vermeiden, da nur dies dem lebenden Wild am nächsten kommt.

Hunde, die einen starken Jagdtrieb haben, leider nicht. Niemand braucht sich einzureden, dass diese Hunde eine gute Fährte oder einen flüchtenden Hasen gegen ein Ballspiel oder eine spaßige Würstchensuche eintauschen.

Ohne absolute Konsequenz werden Sie Ihren Hund vor dem Wild nie kontrollieren können. Hierzu gehört vor allem, dass ich mein „Komm“ durchsetze. Sollte also unser Hund nach all dem aufbauenden, sorgfältig konditionierten und systematisch erweiterten Rückruftraining nicht reagieren, benötigen wir dringend einen Unterbrechungsreiz.

Wohlgemerkt: Ich bin nicht der Meinung, dass man Hunde mit Strafreizen trainieren sollte. Mit Zwang hält man keinen jagdtriebigen Hund dauerhaft vom Jagen ab. Es geht hier lediglich darum, in Situationen, die durch den Trieb des Hundes beherrscht werden, dessen Handlung (schnüffeln, fixieren, sich verabschieden, ohne sich umzusehen) unangenehm zu unterbrechen und ihm eine angenehme Handlungsalternative zu bieten. Diese wäre auf jeden Fall, zu Ihnen zurückzukommen.

Trainingsdiscs und Sprühhalsband

Für mich sind diese beiden Trainingshilfen die beste Art, einen Hund von seinem Tun abzubringen. Niemand sollte sie ohne Hilfe anwenden, der kein gutes Timing hat; der sich nicht sicher ist, ob sein Hund dabei keinen psychischen Schaden erleidet; der nicht sicher ist, ob nicht die vielleicht gerade erst verbesserte Bindung sich wieder verschlechtert; der sich nicht sicher ist, ob er es richtig macht. In allen diesen Fällen suchen Sie lieber einen Trainer, der Ihnen hierbei hilft. Achten Sie bei der Trainersuche jedoch darauf, dass Sie nicht an den Falschen geraten, der eventuell genau die Fehler macht, die Sie vermeiden wollten.

Trainingsdiscs sind fünf Metallscheiben, die klappern, wenn man sie bewegt. Ein Sprühhalsband (am besten mit geruchsneutralem Spray) ist ein Halsband mit einem kleinen Gastank, aus dem sich mithilfe einer Fernbedienung ein Sprühstrahl löst. In diesem fortgeschrittenen Training soll der Hund lernen, nach dem Unterbrechungsreiz als Alternative zu Ihnen zurückzukommen beziehungsweise sich dort hinzusetzen oder hinzulegen, wo er gerade ist. Wie seine Alternative aussieht, hängt davon ab, wie Sie mit ihm trainieren.

Voraussetzung für die mögliche Anwendung dieser Hilfsmittel ist eine sehr gute Bindung, ein guter Grundgehorsam und eine bereits antrainierte alternative Triebauslastung. Ansonsten wäre es ausgesprochen unfair, sie einzusetzen. Eine sehr gute Bindung benötigt der Hund, damit er Ihnen vertraut und Schutz vor dem „gefährlichen“ Klappern der Scheiben bei Ihnen sucht. Fehlt die Bindung oder haben Sie sich nicht als souveränes Familienoberhaupt qualifiziert, haben Sie nicht die geringste Chance, dass die Konditionierung Erfolg hat. Aber das wissen Sie ja bereits: In diesem Fall hätte überhaupt kein Antijagdtraining Erfolg. Bevor man über die Anschaffung eines teuren Sprühhalsbandes nachdenkt, sollte man in jedem Fall testen, ob nicht die Konditionierung auf Trainingsdiscs ausreicht. Hierzu benötigen Sie einen Helfer und die besten Leckerchen, die Sie finden können.

Stellen Sie kontrolliert eine Situation her, in der der Hund nicht gehorcht, jedoch auch nicht zu sehr abgelenkt ist. Sie müssen den Ablenkungsreiz genau dosieren, sonst sind Sie erstens unfair und zweitens schlägt die Konditionierung fehl. Konzentrieren Sie sich gut, denn Ihr Timing muss perfekt sein.

Sie rufen also Ihren Hund, dieser gehorcht nicht, eine Hilfsperson wirft die Discs neben den Hund (nicht auf ihn!), Sie gehen sofort hinunter in die Hocke (nicht nach vorn beugen!) und rufen ihn mit hoher, lieber Stimme. Die wenigsten Leute können sich in dieser Situation umstellen.

Sie rufen den armen Delinquenten in bösem Tonfall, weil das ja schon zur Gewohnheit geworden ist, wenn er nicht gehorcht. Das darf Ihnen auf keinen Fall passieren. Ab sofort haben Sie das sowieso nicht mehr nötig; Sie können es sich leisten, nur noch lieb zu sein, denn böse sind ja die Discs.

Ziemlich wahrscheinlich kommt Ihr Hund. Vielleicht aber auch nicht. Dann ist entweder ein zweites Paar Discs hilfreich, oder der Helfer hebt schnell und ohne Geräusch das eine Paar auf und wirft es wiederum neben den Hund. Sie gehen wieder in die Hocke ... und so weiter. Ist Ihr Hund dann bei Ihnen, geben Sie ihm auf keinen Fall ein weiteres Kommando wie „Sitz". Er bekommt sofort die bereitgehaltenen Leckerchen und wird getröstet. Jawohl, Sie haben richtig gelesen. Trösten Sie ihn, damit Sie schnell Erfolg haben und die Discs so schnell wie möglich nicht mehr werfen müssen. Der Sinn ist nämlich, dass Sie selbst nach einigen Wiederholungen (wie immer in verschiedenen Situationen) nur noch mit den Scheiben klappern.

Der Übungsablauf ist dann folgender: Sie rufen, Ihr Hund kommt nicht, Sie klappern mit den Scheiben und gehen in die Hocke. Ihr Hund dreht sich um, bestenfalls hört er Ihren sekundären Bestärker, er kommt und bekommt ein Leckerchen. Sie werden sich wundern, wie weit Ihr Hund sich von Ihnen entfernen kann und demnächst nach dem Klappern zurückkommt, onwohl er zuvor noch Ihr Rufen oder Pfeifen ignoriert hat. Steigern Sie systematisch die Ablenkung, bis Sie zum Schluss dort trainieren, wo sich Wild aufhält, allerdings anfangs, ohne dass das Wild sichtbar ist.

Spätestens jetzt können Sie darüber nachdenken, die Schleppleine abzubauen, denn Sie haben die Möglichkeit, Ihren Hund – zugegebenermaßen mit Druck – zurückzuholen, wenn er nicht auf Ihren Rückruf reagiert. Seien Sie sich allerdings darüber im Klaren, dass Sie ab diesem Zeitpunkt mit der Angst Ihres Hundes spielen. Sie haben damit eine große Verantwortung und sollten die Scheiben auf keinen Fall anderen Personen überlassen, die nicht absolut genau so mit ihnen arbeiten wie Sie selbst. Genauso vorsichtig müssen Sie sein, wenn Sie die Scheiben bewegen. Sie dürfen kein Geräusch abgeben, wenn Sie es nicht wollen, ansonsten ängstigen Sie Ihren Hund unnötig und die Wirkung lässt zudem rasch nach.

Wenn Sie den Hund zurückholen können, wird es Zeit, die Schleppleine abzubauen.

Das Trainingsziel ist ein Hund wie dieser, der das Wild beobachtet, jedoch nicht jagt. (Foto: Nau)

Das Gleiche gilt für das wesentlich teurere Sprühhalsband. Die Anwendung ist nahezu identisch mit der der Trainingsdiscs, nur benötigen Sie keinen Helfer für die Konditionierung, denn Sie haben eine Fernbedienung. Die heutigen modernen Geräte reichen in etwa 200 bis 300 Meter weit. So weit darf sich Ihr Hund aber nie entfernen! Auch hier gilt: gutes Timing, immer lieb rufen, anfangs immer in die Hocke gehen, superleckere Leckerchen anbieten und vor allem frühzeitig zurückrufen, ehe der Hund sich auf der Jagd befindet.

An das Tragen des Sprühhalsbandes sollte Ihr Hund erst gewöhnt werden. Lassen Sie es ihn ein bis zwei Wochen tragen, ohne es zu benutzen. Machen Sie auch kurze Spaziergänge mit ihm.

Trainingsdiscs und Sprühhalsband sind in Verbindung mit der als sehr positiv empfundenen Pfeife eine gute Möglichkeit, mit einem jagdtriebigen Hund den letzten Ausbildungsschritt zu erreichen, nämlich Gehorsamkeit am Wild oder an Wildfährten.

Allerdings sind diese Hilfsmittel nicht geeignet für Menschen, deren Timing schlecht ist oder die sich nicht unter Kontrolle haben. Wenn man sie nicht konzentriert und mit Überlegung anwendet, hat man nicht nur ein wertvolles Hilfsmittel verschenkt, sondern vor allem seinem Hund psychische Schmerzen bereitet. Wenn Sie also nicht ganz sicher sind, dass Sie es richtig machen, wenden Sie sich besser an einen Trainer, der Ihnen hierbei hilft.

Gehorsamkeit am Wild

Bis hierher haben wir viel trainiert. Alles war eine Vorbereitung auf den letzten, den größten und wichtigsten Schritt: Unser Hund soll alles, was er inzwischen kann, auch in Anwesenheit von Wild zeigen.

Hierzu schaffen wir ihm zunächst einen fließenden Übergang, indem wir nun mit Wildersatz trainieren. Im Handel kann man Duftstoffe von Fasanen, Enten und Kaninchen kaufen, ebenso Kaninchenfelle, sogar solche, die man über Dummys ziehen kann. Nutzen Sie diese Hilfsmittel schon in Verbindung mit einfachen „Sitz"- und „Platz"-Übungen, schließlich auch mit der Reizangel, denn auf diese Weise lernt Ihr Hund bereits sehr früh eine Verbindung herzustellen zwischen normalen Gehorsamkeitsübungen und den Verlockungen des Wildes.

Suchen Sie sich nun eine Wiese mit vielen frei laufenden Kaninchen, einen Teich mit Enten, einen Wildpark oder einen einfachen öffentlichen Park, in dem es gleich mehrere Wildarten gibt. Trainieren Sie zunächst an kurzer Leine; wenn das funktioniert, auch an der langen Schleppleine. Die Vorgehensweise ist immer die gleiche.

In der Sekunde, in der Ihr Hund die Ente im Park auch nur ansieht, sagen Sie deutlich knurrend „Nein!". Nun warten Sie ab. Ihr Hund soll sich freiwillig umdrehen, genau so, wie Sie es mit den einfachsten Ablenkungen bereits trainiert haben. Erst wenn er auch nach längerer Wartezeit und wiederholtem „Nein" dies nicht macht, geben Sie ein ablenkendes Geräusch, ein Schnalzen oder etwas Ähnliches. Irgendwann wird sich Ihr Hund umdrehen, Sie locken ihn mit einem Leckerchen zurück und geben es ihm, wenn er bei Ihnen ist. Gehen Sie ruhig auch einige Schritte rückwärts. Dann ist es für ihn deutlicher, was er machen soll: sich vom Objekt seiner Begierde entfernen. Das Ziel muss auf jeden Fall sein, dass Ihr Hund sich auf Ihr „Nein" freiwillig zu Ihnen umdreht und zurückkommt. Auf diese Weise entsteht nach und nach die Verknüpfung: Wild – umdrehen – Leckerchen. Hierzu bedarf es sehr, sehr vieler Wiederholungen. Es können unter Umständen beim erwachsenen Hund mehrere Tausend sein.

Neben dieser Übung ist es wichtig, auch weiterhin alle Gehorsamkeitsübungen zu machen, vor allem, wenn Wild in der Nähe ist. Erst wenn Sie es schaffen, dass Ihr Hund vernünftig „Fuß" läuft, obwohl eine Ente Ihren Weg kreuzt oder dass er ein Huhn ignoriert, wenn Sie eine „Schau"-Übung machen, erst dann haben Sie den größten Schritt in Sachen Gehorsamkeit am Wild gemacht.

Wenn dies unter kontrollierten Bedingungen funktioniert, gehen Sie dazu über, längere Trainingsspaziergänge zu machen, diese vor allem in vollkommen unbekanntem Gelände. Denken Sie daran, dass Ihr Hund sich in bekanntem Gelände durch frühere Jagderfahrungen besser auskennt als Sie und womöglich bereits eine Jagd geplant hat, ehe es überhaupt etwas zu jagen gibt. Hier spielt die Gewohnheit eine große Rolle.

Dies ist auch der Zeitpunkt, zu dem Sie wahrscheinlich auf einen Unterbrechungsreiz zurückgreifen müssen. Das oberste Ziel muss immer sein, dem Hund zu zeigen, dass man seinen Rückruf durchsetzen kann, dass er ab sofort nicht mehr selbst entscheiden darf, wann er jagt und wann nicht. Wenn er also partout seinen Blick nicht von einem Hühnchen wenden will oder wenn er wie hypnotisiert einem Reh hinterherstarrt – zögern Sie nicht, nutzen Sie die Trainingsdiscs oder das Sprühhalsband sofort! Auch hier müssen Sie die erste Phase des Ungehorsams unterbrechen, alles andere wäre unfair, weil der Hund nicht lernen könnte, was eigentlich genau verboten ist.

Nicht nur Ihr Hund, sondern auch Sie werden von nun an auf Ihren Spaziergän-

Yukon läuft auf dem Weg zu seinem Herrchen durch die Flatterbänder. Diese sind Teil eines Beschäftigungsparcours.

gen vollkommen anders reagieren als vor dem Beginn des Antijagdtrainings. Sie werden sehen, dass Sie schneller als zuvor erkennen, wann Ihr Hund etwas in die Nase bekommt, und Sie werden schneller und angemessener darauf reagieren. Aber auch Ihr Hund weiß nun viel besser, was Sie von ihm erwarten. Das Training hat Sie nähergebracht. Sie sind zu einem Team geworden.

Die dritte Säule: Triebauslastung und Beschäftigung

Unsere dritte Säule ist mit Sicherheit genauso wichtig wie die beiden vorhergehenden. Nur wenn wir unseren Hund schon während des Gehorsamkeitstrainings trieblich und beschäftigungsmäßig auslasten, können wir mit einem Erfolg rechnen. Denn

Auch die Wackelbrücke ist eine große Herausforderung.

was bei all unseren Bemühungen immer bleiben wird, ist der Trieb, und was immer wieder auftauchen wird, ist Langeweile, wenn wir ihm nicht Alternativen bieten.

Apportieren

Für die meisten jagdtriebigen Hunde ist das Apportieren die beliebteste Ersatzbeschäftigung, die für uns Menschen außerdem gefahrlos und praktisch ist. Die Trainingsutensilien sind bezahlbar und der Trainingsaufwand ist verhältnismäßig gering. Ohne gute Literatur und praktische Anweisung kommt man jedoch nicht so weit, wie es für einen Hund mit Jagdtrieb dringend notwendig ist, also sollte man sich frühzeitig nach beidem umsehen.

Apportieren Sie am besten mit Dummys, das sind Baumwollsäckchen, gefüllt mit

Apportieren kann man alles Mögliche: Möhren …

… Schlüssel …

... oder richtige Würstchen!

Kunststoffgranulat, die es in verschiedenen Gewichtsklassen und Größen gibt. Der Dummy ist in unserem Fall bekennenderweise ein Wildersatz, und als solcher sollte er dem Hund auch nahegebracht werden. Er ist kein Spielzeug, und der Hund sollte ihn nie zum Spielen bekommen. Er ist die Beute, die dem Menschen gehört. Der Hund darf sie suchen, apportieren und abgeben.

Mit dieser Beschäftigung kann man gemeinsam mit seinem Hund Jahre verbringen. Sie ist sehr abwechslungsreich und man stellt aus der Sicht des Hundes interessante Jagdsituationen nach. Es gibt die Freiverlorensuche, die Markierung, das Einweisen und die Wasserarbeit.

Manche Hunde, die bereits mehrfach erfolgreich Wild gejagt haben, sind leider so auf den Geschmack gekommen, dass sie die normalen Standarddummys nicht mehr als gleichwertigen Wildersatz anerkennen. In freier Natur interessieren sie sich überhaupt nicht mehr für sie, obwohl sie sie Minuten vorher auf einem Platz oder im Garten noch geliebt haben. Für diesen Fall gibt es im Fachhandel Kaninchenfellüberzüge für Dummys oder Enten- und Fasanenschwingen, dazu künstliche Wildgerüche. Scheuen Sie sich nicht, diese einzusetzen, Hauptsache Sie machen Ihrem Hund die Dummys so schmackhaft, dass er sie als Alternative zum Wild akzeptiert, frei nach dem Motto: Okay, wenn's mit Wild Ärger gibt und mit diesen Dingern nicht, dann nehme ich eben diese.

Nasenarbeit 1: Intelligenzspiele

Nasenarbeit

Nasenarbeit ist toll. Ohnehin setzen Hunde am liebsten ihre Nase ein, um die Welt zu erkunden, natürlich auch um Jagderfolg zu haben – und das soll auch so bleiben, auch wenn am Ende der Nasenarbeit ab sofort kein Wild mehr stehen wird.

Sie könnten Ihrem Hund Schleppen ziehen. Wenn der Hund es mag, schlage ich gerne mit stark verdünntem Anisöl getränkte Dummys oder Spielzeuge vor. Akzeptiert er diese nicht in freier Wildbahn, sollten Sie das Dummy wiederum mit Wildgeruch und einem Hasenfell verkleiden. Es bleibt dann am Ende der Schleppe liegen und Ihr Hund sollte es apportieren. Mag er absolut keine Apporte (solche Hunde gibt es auch), begnügen Sie sich damit, dass er es durch Bellen oder Absetzen verweist.

Weiterhin könnten Sie Mantrailing, Fährtenarbeit oder Verlorensuchen trainieren. Im Mantrailing und der Fährtenarbeit lernt der Hund Fährten von bestimmten Menschen zu verfolgen und diese zu finden. Die Verlorensuche kann man mit allen alltäglichen Gegenständen trainieren. Hier sind der Phantasie keine Grenzen gesetzt.

Eine der spannendsten und interessantesten Beschäftigungen ist die Geruchsunterscheidung. Hier soll der Hund lernen, auf Kommando verschiedene Gerüche voneinander zu unterscheiden. So könnten Sie ihm beibringen, unter mehreren Geruchsröhrchen, die mit unterschiedlichen Dingen gefüllt sind, dasjenige herauszusuchen und Ihnen zu bringen, das zum Beispiel die Nudeln enthält. Oder Ihr Hund gibt Laut, wenn ein Nahrungsmittel Haselnussspuren enthält, gegen die Sie vielleicht allergisch sind. Es gibt so viele Möglichkeiten, die wunderbaren Fähigkeiten eines Hundes sinnvoll zu nutzen und ihm das Gefühl zu geben, etwas Besonderes zu leisten. Warum sollte man sich also damit zufriedengeben, sich täglich über fehlgeleitetes Jagdverhalten zu ärgern?

Nasenarbeit 2: Geruchsunterscheidung mit Kunststoffröhrchen

Nasenarbeit 3: Fährten- und Schleppenarbeit

Treibball

Treibball ist – neben dem Apportieren – eine gute Beschäftigungs- und Triebabbaumöglichkeit für Hütehunde. Statt Schafe lernt der Hund große Bälle (Gymnastikbälle) zu treiben. Er darf nicht in sie hineinbeißen und sie nicht unkontrolliert über den Platz scheuchen, sondern soll sie wie Schafe treiben, eben wie ein Hütehund es machen sollte. Es geht um eine perfekte Zusammenarbeit zwischen Mensch und Hund, Teamarbeit eben. Mehrere Bälle, die auf einem Platz liegen, müssen vom Hund in ein Tor getrieben werden, und das in der Reihenfolge, die sein Mensch – hier in der Rolle eines Hirten – ihm vorgibt. Der Hund lernt perfekte Distanzkontrolle. Wer nun sagt, das lerne sein Hund nie, der sollte es ruhig ausprobieren. Genau hierzu sind Hütehunde gezüchtet – warum also sollte er es nie lernen? Aber auch für viele Hunde, die keiner Hütehundrasse angehören, ist dieser Sport eine tolle Alternative zu anderen Aktivitäten. Probieren Sie es doch mal aus.

Treibball: Die perfekte Ersatzbeschäftigung nicht nur für Hütehunde.

Am Reifen, einem Gerät aus dem Agility-Parcours, haben Hunde viel Spaß.

Agility

Über Agility muss man – glaube ich – nicht viel schreiben. Der Hund lernt, auf Hinweise seines Menschen hin in einer vorgegebenen Reihenfolge Hindernisse zu bewältigen. Er muss durch Tunnel, über Stege, über Wippen, Hürden, auf einen Tisch oder durch einen Reifen. Dies alles soll so schnell wie möglich und ohne Fehler geschehen. Der Schnellste gewinnt. Und das ist nie derjenige, der nur schnell rennt, sondern derjenige, der nebenbei auch noch perfekt auf seinen Menschen achtet. Hier ist Teamarbeit gefragt. Geeignet ist Agility für jeden Hund, der gern rennt, gesund und nicht zu schwer ist.

Alternative und alltägliche Beschäftigung

Ein Hund, der sich langweilt, neigt eher dazu, sich auf Spaziergängen Abwechslung zu verschaffen als einer, der ohnehin seinem täglichen Beruf nachzugehen hat. Wie wäre

Das Laufen am Fahrrad ist eine schöne alltägliche Beschäftigung für Hund und Mensch.

es denn, aus einem „Couchpotatoe" eine fähige Haushaltshilfe zu machen? Viele Hunde müssen arbeiten – warum nicht auch Ihrer? Er könnte die Brötchen ins Haus tragen oder die Wäscheklammern angeben. Ich kenne einen, der sortiert vor der Waschmaschine die helle und die dunkle Wäsche in die passenden Körbe. Ein anderer bringt das Telefon, sobald es schellt.

Und was spricht dagegen, einem Hund auch mal ein paar lustige Tricks beizubringen? Hunde lieben die positive Aufmerksamkeit, die sie bekommen, wenn man sie zu einem Trick auffordert und alle Menschen um sie herum lachen und es toll finden.

Jagdausbildung

Aber was ist nun, wenn wirklich nichts richtig funktioniert? Was ist, wenn Sie einen Hund besitzen, der sich weder fürs Apportieren von Dummys interessiert, der über Fährtenarbeit die Nase rümpft und für Tricks keinerlei Humor besitzt? Was ist, wenn die Gehorsamkeit nach Monaten des Trainings ausgezeichnet ist, Sie alles getan haben, was möglich war, ganz sicher nach diesem beschriebenen Programm der Jagdtrieb halbwegs kontrollierbar ist … aber eben nur halbwegs, und Ihr Hund trotzdem immer wieder auf Jagd geht? Was dann? Meistens gehören diese Hunde einer gezüchteten Jagdhundrasse an. In diesem Fall sollten Sie ernsthaft darüber nachdenken, ob es in Ihrem Sinne sein könnte, Ihrem Hund eine vernünftige Jagdhundausbildung zukommen zu lassen. Ich weiß, dass die Entscheidung für diesen Schritt fast immer eine große Überwindung für den Menschen bedeutet. Wägen Sie jedoch ab, dass die Alternative zu einer Jagdhundausbildung nur lebenslanger Leinenzwang sein könnte. Dies ist für Ihren Hund jedoch die schlechteste aller Alternativen. Bitte setzen Sie sich zumindest sehr intensiv mit dem Typ Hund auseinander, den Sie haben, und informieren sich über eine Jagdausbildung. Zumindest können Sie diese Entscheidung dann aber mit gehöriger Sorgfalt treffen.

Auch das Training in der Gruppe ist sehr wichtig, damit die Hunde Gehorsamkeit unter Ablenkung lernen

Was Hänschen schon lernt ...

... muss Hans nicht mehr lernen. Denn wenn Sie einen Welpen oder einen jungen Hund haben, dann können Sie viele Jagdprobleme vermeiden.

Bis etwa zur 16. Lebenswoche besitzen Welpen einen angeborenen Folgetrieb. Nutzen Sie ihn, indem Sie Ihren Welpen in allen möglichen Gebieten ohne Leine laufen lassen. Verstecken Sie sich, sobald er unaufmerksam ist, und lassen Sie ihn ruhig ein wenig suchen. Sie spielen so zwar ein wenig mit seiner Angst, doch dies ist eine der sichersten Methoden, einen Hund dazu zu erziehen, auf Sie zu achten und selbstständig dafür zu sorgen, dass er Sie nicht verliert. Sie müssen für ihn der Garant für ein interessantes Leben und für Abwechslung werden.

Beginnen Sie bereits mit dem Welpen früh mit den beschriebenen Aufmerksamkeitsübungen. Trainieren Sie mit ihm täglich das Zurückkommen auf Zuruf, vor allem auch aus so angenehmen Situationen heraus wie dem Spiel mit anderen Hunden. Für Ihren Hund müssen Sie der oder die Größte sein!

Schon sehr früh, nämlich in der sogenannten kritischen Phase (also ab dem zweiten Lebensmonat bis zum Ende des vierten Lebensmonats), sollten Sie ihn von unkontrollierten Wildbegegnungen fernhalten, vor allem wenn es ein Jagdhund ist, der später nicht zur Jagd eingesetzt werden soll. Wenn Sie dies durchhalten, bis er in etwa ein Jahr alt ist, haben Sie einen guten Grundstein gelegt für einen Hund, der nur ein geringes Interesse an Wild hat. Eine gute Idee ist es, bereits in diesem Alter in Parks oder Wildparks zu gehen und auch sonst jeden zufälligen Wildkontakt genau zu beobachten. Falls Ihr Hund kein Interesse zeigt, zeigen Sie es auch nicht. Diese Begegnungen müssen für ihn etwas Selbstverständliches werden.

Warten Sie auf keinen Fall, bis der Hund Jagdverhalten im ersten Stadium zeigt, sondern quittieren Sie schon den Blick zum Wild mit „Nein", anschließendem Weglocken und auf jeden Fall überschwänglichem Lob. Etwa ab dem sechsten Monat beginnen Jagdhunde mit einem systematischen Jagdtraining, Hütehunde mit einem Hütetraining – und zwar ohne jegliche Hilfe von außen. Sie bringen es sich sozusagen selbst bei. Es ist eine Art genetisches Programm, das hier abläuft. Seien Sie also besonders vorsichtig. Sollten sich seine Augen nun doch an einem Tier festsaugen: „Nein!", wie bereits im Welpenalter trainiert. Ein Welpe oder Junghund versteht sehr schnell, worum es geht, und er braucht deutlich weniger Wiederholungen als ein erwachsener Hund.

Eine der wichtigsten Maßnahmen gegen einen ausufernden Jagdtrieb ist die Vermeidung von exzessiven Ballwegwerf- und Hetzspielen. Ziehen Sie sich keinen Adrenalinjunkie heran!

Auf der anderen Seite sollte ein Welpe sehr früh die Tiere kennenlernen, mit denen er sein Leben verbringen wird. Gewöhnen Sie ihn an alle Tiere, die zum Haushalt gehören, seien Sie aber wachsam, wenn sich Ihr Terrier zu intensiv für Ihren Hamster interessiert!

Und zum Schluss noch eine Bemerkung zur Rasseauswahl. Selbstverständlich darf man sich nicht wundern, dass der Hund jagt, wenn er einer bestimmten Rasse mit Jagdverhalten angehört. Manche Rassen sind definitiv nicht für die Haltung als reine Familienhunde geeignet. Innerhalb einiger Rassen gibt es Arbeitslinien und Ausstellungslinien. Letztere eignen sich meistens eher als Familien- und Begleithunde. Trotzdem sollten Sie die Antijagderziehung wenn möglich im zarten Alter von acht Wochen starten. Dann haben Sie die besten Aussichten auf Erfolg.

Das Antijagdtraining in Kurzform

1. Bindung und Vertrauen durch

Aufmerksamkeitstraining:
- Handfütterung, Blickkontakt, Leinenführtraining
- Hausordnung
- Gute Kommunikation
- Teambildung/Gemeinsame Abenteuer bestehen

2. Gehorsamkeit

„SITZ" UND „PLATZ":
1. Grundkonditionierung
2. mit zunehmender Ablenkung
3. in Anwesenheit von Wild

LEINENFÜHRIGKEIT:
1. Grundkonditionierung
2. mit zunehmender Ablenkung
3. perfekte Fußarbeit mit Zeichen „Fuß"
4. in Anwesenheit von Wild

„NEIN":
1. Ja-Nein-Übung
2. „Nein" mit trainierter Alternativhandlung
3. „Nein" in Anwesenheit von Wild

FREIFOLGE:
1. Grundkonditionierung
2. mit zunehmender Ablenkung
3. in Verbindung mit Standruhe
4. in Anwesenheit von Wild

STANDRUHE:
1. „Sitz" oder „Platz" aus der Bewegung
2. „Sitz" oder „Platz" mit Spielzeugen/Dummys
3. „Sitz" oder „Platz", wenn Bälle fliegen
4. „Sitz" oder „Platz" mit bewegtem Wildersatz
5. Reizangeltraining
6. „Sitz" oder „Platz" in Anwesenheit von sich bewegendem Wild

DISTANZKONTROLLE:
1. „Komm", auf Zuruf und mit Pfiff
2. „Sitz" oder „Platz", auf Zuruf und mit Pfiff
3. in Anwesenheit von Wild

3. Triebauslastung und Beschäftigung

- Apportieren (eventuell mit Wildersatz)
- Nasenarbeit (eventuell mit Wildersatz)
- Treibball
- Agility
- Alternative und alltägliche Beschäftigung
- Jagdausbildung

Goya hat als alternative Beschäftigung Tricks gelernt. Hier berührt er auf das Kommando „Touch" das gehobene Bein.

Goya schleudert die Wurstscheibe, die ihm sein Frauchen auf die Nase gelegt hat, auf Kommando in die Luft und fängt sie auf.

Danke ...

... möchte ich allen sagen, die mir mit viel Engagement geholfen haben, dass dieses Buch so geworden ist wie es geworden ist. Vor allem denke ich an unsere zwei- und vierbeinigen Fotomodelle. Und ich denke an Becky, unseren liebenswerten, aber unverbesserlich jagdtriebigen Terrier, deren zweiter Name diesem Buch den Titel gegeben hat: Becky - auf und davon.

Die Autorin

Martina Nau lebt mit ihren drei Hunden, zwei Nova Scotia Duck Tolling Retrievern und einem Parson Russell Terrier, in Kleve am Niederrhein. Sie führt dort seit vielen Jahren erfolgreich eine eigene Hundeschule. Ihr Ziel ist es, Menschen und ihren Hunden dazu zu verhelfen, ein richtig gutes Team zu werden. Hierbei lehnt sie starre Erziehungskonzepte und gleichbleibende Methoden ab. Sie vermittelt, wie individuell man mit unterschiedlichen Hundecharakteren umgehen sollte und wie man dabei dem Hund gegenüber immer fair bleibt.

Zum Weiterlesen

Braun, Martina:
Hündisch für Nichthunde
Schwarzenbek: Cadmos Verlag, 2010

Coppinger, Ray und Lorna:
Hunde
Bernau: Animal Learn Verlag

Donaldson, Jean:
Hunde sind anders
Stuttgart: Franckh-Kosmos Verlag, 2000

Hallgren, Anders:
Mentales Training für Hunde
Schwarzenbek: Cadmos Verlag, 2012

Hoefs, Nicole und Führmann, Petra:
Das Kosmos Erziehungsprogramm für Hunde
Stuttgart: Franckh-Kosmos Verlag, 1999

Kvam, Anne Lill:
Spurensuche – Nasenarbeit Schritt für Schritt
Bernau: Animal Learn Verlag, 2005

Gutmann, Monika:
Clickertraining
Schwarzenbek: Cadmos Verlag, 2010

Liebeck, Christiane:
Mantrailing
Schwarzenbek: Cadmos Verlag, 2006

Sondermann, Christina:
Das grosse Spielebuch für Hunde
Schwarzenbek: Cadmos Verlag, 2005

Zaitz, Manuela:
Trickschule für Hunde
Schwarzenbek: Cadmos Verlag, 2007

Zvolsky, Norma:
Die Kosmos-Retriever-Schule
Stuttgart: Franckh-Kosmos Verlag, 2002

Sämtliche Trainigshilfen sind unter anderem zu beziehen bei
www.hund-und-freizeit.com